数字经济 **路-油-车** 系列丛书

# 新基建

丛书主编 ◎ 司 晓　杨 乐

吴绪亮　闫德利　陈维宣 ◎ 等著

电子工业出版社

Publishing House of Electronics Industry

北京·BEIJING

# 内容简介

近期国家积极布局的新基建，是关乎国计民生的重大战略工程，是关乎国家综合竞争力的长远大计。以 5G 网络、云平台、数据中心、人工智能、工业互联网和物联网等为代表的信息基础设施，作为新基建的重要组成部分，是数字经济发展的战略基石。本书全面介绍了新基建的丰富内涵和战略意义，解读了新基建是数字和社会的紧密联系及作用，说明了新基建与传统基建的互补相融关系，论述了新基建战略落地发展的可行方案和实施路径，分析了新基建与现代新信息技术的紧密耦合融合发展的必然趋势，也思考了目前面临的问题和难点。本书由领域专家、业界领袖和行业管理者共同撰文，题目专注聚焦、结构严谨缜密、论述全面深刻、文笔凝练稳实，可谓掇菁撷华、精彩纷呈，是新基建方面上乘之作。

未经许可，不得以任何方式复制或抄袭本书之部分或全部内容。
版权所有，侵权必究。

图书在版编目（CIP）数据

新基建 / 吴绪亮等著 . — 北京：电子工业出版社，2020.11（2025.1 重印）
（数字经济路 - 油 - 车系列丛书 / 司晓，杨乐主编）
ISBN 978-7-121-39487-4

Ⅰ.①新… Ⅱ.①吴… Ⅲ.①数字技术－基础设施－研究－中国 Ⅳ.① TP3

中国版本图书馆 CIP 数据核字 (2020) 第 162485 号

责任编辑：祁玉芹
印　　刷：中国电影出版社印刷厂
装　　订：中国电影出版社印刷厂
出版发行：电子工业出版社
　　　　　北京市海淀区万寿路 173 信箱　邮编：100036
开　　本：710×1000　1/16　印张：15　字数：218 千字
版　　次：2020 年 11 月第 1 版
印　　次：2025 年 1 月第 2 次印刷
定　　价：58.00 元

凡所购买电子工业出版社图书有缺损问题，请向购买书店调换。若书店售缺，请与本社发行部联系，联系及邮购电话：(010) 88254888，88258888。
质量投诉请发邮件至 zlts@phei.com.cn，盗版侵权举报请发邮件至 dbqq@phei.com.cn。
本书咨询联系方式：qiyuqin@phei.com.cn。

## 新基建是路，数据是油，产业互联网是车

**马化腾**

突如其来的新冠疫情，给经济社会发展带来了巨大冲击。在抗疫中，数字经济展现出强大的发展韧性，在保障人们生活学习、支撑复工复产、提振经济等方面发挥了重要作用。国家统计局数据显示，2020年一季度我国信息传输、软件和信息技术服务业增加值同比增长13.2%。

近期国家积极布局新基建、数据要素培育，以"上云用数赋智"等举措助力数字经济新业态新模式发展，给数字经济注入了强劲的发展势能，推动迈向一个以新基建为战略基石、以数据为关键要素、以产业互联网为高级阶段的高质量发展新阶段。

### 新基建是数字经济发展的战略基石

以5G、人工智能、数据中心等为代表的信息基础设施，作为新基建的重要组成部分，是数字经济发展的战略基石。与传统基础设施一样，新基建是关乎国计民生的重大战略工程，同时服务于生产和生活两端，需要做长远规划和顶层设计。与传统基础设施不同，新基建受物理空间限制较小，可以跨区域、跨时段高效配置，对抗突发事件的弹性和韧性更强。更重要的是，新

---

原文题目：《推动上"云"用"数" 建设产业互联网》，发表于《人民日报》（2020年5月7日）。

基建所在的领域都是基于云计算、大数据等数字技术形成的朝阳产业集群，正处在快速发展期，虽然短期内无法像传统基建投资那样迅速形成固定资产拉动经济增长，但长期发展潜力巨大，是我国转变经济发展方式、实现高质量发展的重要着力点。

新基建与传统基建的关系是互补相融，而不是互斥对立的。实际上，随着数字技术日益成熟、应用场景日渐增多，铁路、公路、机场等传统基础设施越来越智能化和自动化，与数字技术的结合也越来越紧密。未来，新基建与传统基建必然会深度融合，界限逐渐模糊，共同服务于经济的长远健康发展，持续提升人民生活水平。

## 数据是数字经济发展的关键要素

生产要素的形态随着经济发展不断变迁。早在 300 多年前，被马克思称为"政治经济学之父"的威廉·配第[1]就提出"劳动是财富之父，土地是财富之母"的著名论断。工业革命之后，资本、知识、技术和管理相继成为新的生产要素和财富之源。

随着数字技术和人类生产生活交汇融合，全球数据呈现爆发增长、海量集聚的特点，数据日益成为重要战略资源和新生产要素。习近平总书记指出："要构建以数据为关键要素的数字经济。"党的十九届四中全会[2]首次提出将数据作为生产要素参与分配。中共中央、国务院发布《关于构建更加完善的要素市场化配置体制机制的意见》[3]，将数据作为与土地、劳动力、资本、技术并列的生产要素，要求"加快培育数据要素市场"。

---

[1] 威廉·配第（William Petty，1623—1687 年），英国古典政治经济学创始人、统计学创始人，其最著名的经济学著作为《赋税论》（1662 年）。

[2] 中国共产党第十九届中央委员会第四次全体会议于 2019 年 10 月 28 日至 31 日在北京举行。

[3] 发布日期为 2020 年 3 月 30 日。

数据要素涉及数据生产、采集、存储、加工、分析、服务等多个环节，是驱动数字经济发展的"助燃剂"，对价值创造和生产力发展有广泛影响。中央将数据作为一种新型生产要素，有利于充分发挥数据对其他要素效率的倍增作用，意义十分重大。我们要秉持开发利用和安全保护并举的基本原则，充分释放数据红利，不断弥合数字鸿沟，推动数字经济发展迈向产业互联网的新阶段。

**产业互联网是数字经济发展的高级阶段**

当前，数字经济发展的重心正在从消费互联网向产业互联网转移。产业互联网以企业为主要用户，以提升效率和优化配置为核心主题，是数字经济发展的高级阶段。2018年9月30日，我们提出"扎根消费互联网，拥抱产业互联网"的新战略，引发了产业互联网的热潮。新冠疫情防控期间，远程办公、在线教育、健康码和智慧零售等典型产业互联网新业态新模式发展迅猛，数字技术在新冠疫情防控、复工复产和增强国民经济韧性方面发挥了重要作用，产业互联网的发展按下了快进键。

2020年4月7日，国家发展改革委、中央网信办联合印发《关于推进"上云用数赋智"行动 培育新经济发展实施方案》，明确提出了"构建多层联动的产业互联网平台"的工作推进思路，努力推动数字化转型伙伴行动。加快制订实施产业互联网国家战略，用数字技术助力各行各业和公共服务机构实现数字化转型升级，越来越成为我国经济高质量发展和国家治理能力现代化的重要途径。在此背景下，腾讯更加坚定要成为各行各业的"数字化助手"，启动了"数字方舟"计划，助力"农、工、商、教、医、旅"六大领域的数字化转型。

产业互联网的快速发展在网络、算力、算法和安全等方面都提出了更高要求，迫切需要进一步加快以5G、数据中心、人工智能、物联网等为核心内容的新型基础设施建设。因此，新基建是"数字土壤"，是数字经济发展的战略基石，将为产业互联网发展提供基础保障和必要条件。另一方面，产业互联网是新基建的市场先锋，是新基建的需求来源，将对新基建起到自上而下的反哺作用。准确研判产业互联网的发展态势，有助于廓清新基建的主攻方向，避免盲目投入。而数据作为关键生产要素，它的感知、采集、传输、存储、计算、分析和应用实际上贯穿了新基建和产业互联网融合发展的每一个环节。

综合起来，新基建、数据要素和产业互联网紧密相连、互相促进。有专家将三者关系类比成"路—油—车"。新基建是通往全面数字社会的"高速公路"，数据是驱动数字经济发展的新"石油"，产业互联网则是高效运行的"智能汽车"。当然，这只是一个大致的类比，实际上三者关系远比"路—油—车"复杂得多，比如产业互联网的IaaS（基础设施即服务）[4]等底层业务形态实际上也兼具了"路"的功能。只要"路—油—车"三者协同发展，我们一定能够构建出一个包括线上线下企业、政府部门、科研院所、公益机构和广大用户在内，充满韧性的数字生态共同体。腾讯在其中将秉承"科技向善"理念，专注做好连接和工具，立足成为各行各业的数字化助手，与合作伙伴共建新生态，助力新基建、数据要素和产业互联网的深度融合。各方相互依存、相互促进，共同繁荣数字经济生态，就可以合力推动经济发展动力变革、效率变革、质量变革，提升国家数字竞争力。

---

[4] IaaS（Infrastructure as a Service，基础设施即服务）是指把IT基础设施作为一种服务提供给公众的服务模式。

# 前 言

新基建是数字经济发展的战略基石,是通往全面数字社会的"高速公路"。基础设施在经济社会中具有战略性、基础性、先导性和公共性的基本特征,对经济发展的拉动效应十分显著。世界银行的测算结果表明,基础设施存量增长1%,人均GDP就会增长1%[8]。传统基建带来的是"乘数效应",新基建带来的则是"幂数效应"。

今年以来,中央对新基建作出多次重要部署。2020年3月,中共中央政治局会议提出:"加快5G网络、数据中心等新型基础设施建设。"2020年《政府工作报告》把包括新基建在内的"两新一重"[9]作为促消费、惠民生、调结构、增后劲的重点举措,进行重点支持。地方政府积极出台新基建规划,中国电科、腾讯、阿里巴巴等数字科技公司纷纷参与其中。腾讯研究院携手国内各大智库高校就新基建进行了研究,本书即是研究成果的结晶,从六个方面展开论述。

## (一)新基建的内涵和意义

人们对新基建的认识是一个不断深化的过程。通过认真学习中央历次相

---

[8] 世界银行《1994年世界发展报告》中发布的数据。
[9] "两新"指新型基础设施和新型城镇化,"一重"为交通、水利等重大工程。

关会议精神，对新基建的内涵进行了界定，对其重要意义进行了阐述。

### （二）新基建是数字经济的战略基石

不同的应用场景和应用深度，需要不同水平的信息基础设施，而不同水平的信息基础设施会促进新技术、新应用、新模式。新基建是数字经济发展迈向新阶段的战略基石。

### （三）新基建是应对新冠疫情挑战的现实之需

为应对新冠疫情给经济社会带来的挑战，政府部门积极采取对冲措施，加大新基建投资力度，把经济发展拉回正轨。新基建是应对新冠疫情冲击的"利器"，是稳定经济的压舱石。

### （四）新基建是"路"，产业互联网是"车"

基础设施的投资回报周期长。新基建的成功推进，需要有效的市场支撑。产业互联网是新基建的需求支撑。两者的关系可以用"路"和"车"来形容。

### （五）新基建促进经济高质量发展

基础设施对经济发展的拉动效应十分显著。要讨论新基建促进经济发展的作用与路径，以及对制造业和文化产业的重要作用，我们需要强化政策协同，保障新基建的顺利推进。

### （六）细分领域，百花齐放

新基建的内涵十分丰富，包含范围十分广泛。我们选择其中的云计算、人工智能、区块链和工业互联网进行重点阐述。

# 目　录

序　　　　　　　　　　　　　　　　　　　　　　　　　/ III
前言　　　　　　　　　　　　　　　　　　　　　　　　/ VII

## 第一篇　新基建的内涵和意义　　　　　　　　　　　　/ 001

### 第 1 章　"新基建"：是什么？为什么？怎么干？　　　　003
一、基础设施是一种社会传输网络，新型基础设施就是信息基础设施
二、国家为什么此时重视"新基建"？
三、稳增长需要"新基建"和传统基建双管齐下
四、"新基建"对数字经济发展意义重大，互联网企业要有"机""危"二感

### 第 2 章　发力"新基建"是实现多重战略目标的关键之举　　012
一、"新基建"不同于传统基础设施，其科技性、创新性和赋能性更强，是经济社会迈向数字化转型的必要根基
二、"新基建"并非新的战略安排，两年多来国家已在多个场合明确提出要加快发展步伐
三、发力"新基建"兼顾了短期逆周期调节及中长期高质量发展双重要求，是扩大基建投资的优先领域
四、我国加快"新基建"具有供给侧的良好发展基础，在需求侧则有巨大市场潜力
五、加快"新基建"推进步伐的支点在于创新投融资方式，有效调动民间投资积极性

六、有效推进"新基建"要把握好统筹规划、风险防范
　　　　和监管创新

第3章　数字新基建是可持续发展的新动能　　　　018
　　一、如何理解数字新基建
　　二、数字新基建有哪些核心价值
　　三、我国数字新基建已初具规模
　　四、未来数字新基建的关键着眼点

第4章　"新基建"若干问题的思考　　　　026
　　一、"新基建"提出的背景
　　二、新冠疫情过后稳经济的重要手段
　　三、金融支持"新基建"的问题与实现途径

## 第二篇　新基建是数字经济的战略基石　　　　/ 035

第5章　新基建与数字中国发展的战略逻辑　　　　037
　　一、新型基础设施的基础理论
　　二、数字中国框架下研判新基建的战略价值
　　三、数字中国框架下发展新基建的战略思路

第6章　解码数字基建，赋能数字经济发展　　　　044
　　一、划边界　数字基建可分为三个层次
　　二、看当下　数字基建加速进行时
　　三、谋长远　持之以恒推进数字基建

第7章　数字基建的思考与建议　　　　048
　　一、准确把握数字基础设施的战略意义
　　二、我国数字基础设施具备良好基础
　　三、明确数字基础设施的建设重点

第8章　新基建与数字化新常态：全域化、全链路　　　　054
　　一、数字化的三个阶段
　　二、新冠疫情下的加速度
　　三、新基建助力

第9章　筑牢新基建网络安全防线为数字经济健康发展保驾护航　　061
　　一、网络与数据安全是基本保障
　　二、让系统具有"主动免疫力"
　　三、围绕安全运营布局新基建

## 第三篇　新基建是应对新冠疫情挑战的现实之需　　/ 067

第10章　新冠疫情对全球经济的影响　　069
　　一、宏观经济
　　二、产业格局
　　三、政府治理
　　四、国际关系

第11章　疫情将如何重塑数字经济新范式？　　078
　　一、从宏观经济结构来看，更加有韧性的国民经济将成为发展方向
　　二、从生产方式来看，更加有弹性的云上制造和开放共享将成为优选模式
　　三、从消费模式来看，线上新型消费将呈现三大趋势性变化
　　四、从管理范式来看，全流程都将出现不同程度的线上转移趋势

第12章　新冠疫情下的"新基建"力量大爆发　　085
　　一、智能大爆发：从"死"到"活"
　　二、资源共享：从峰值配置到弹性配置
　　三、超级链接：从孤岛到生态
　　四、未来：从互联网到产业互联网

第13章　从分歧到共识：疫情下的5G发展思考　　098
　　一、疫情前：误解与分歧，长期停留在概念阶段
　　二、疫情中：处处可见5G的身影
　　三、疫情后：期待与共识，从技术推动到需求拉动

## 第四篇　新基建是"路"，产业互联网是"车"　　/ 109

### 第 14 章　新基建推动产业互联网驶入快车道　　111

### 第 15 章　拉动新基建：产业互联网扬鞭"五驾马车"　　118
　　一、疫情倒逼产业互联网"突围"
　　二、新基建是产业互联网变革的"底座"
　　三、产业互联网反哺新基建的五种核心能力

### 第 16 章　新基建和产业互联网：疫情后数字经济加速的"路与车"　　129
　　一、疫情为数字经济发展提出新要求
　　二、"新基建"：数字经济发展的战略基石
　　三、产业互联网：数字经济发展新阶段
　　四、"新基建"和产业互联网是数字经济新时代的"路与车"
　　五、对策与建议

### 第 17 章　数字优先、生态联动、共建未来经济　　147

## 第五篇　新基建促进经济高质量发展　　/ 153

### 第 18 章　新基建促进经济发展的作用与路径　　155
　　一、传统基础设施与新型基础设施
　　二、基础设施建设与经济增长理论
　　三、新型基础设施建设与经济高质量发展
　　四、新基建加速我国经济高质量发展的政策路径

### 第 19 章　新基建推动制造业数字转型发展迎来新拐点　　165
　　一、深刻认识新型数字基础设施的内涵
　　二、新基建推动制造业数字转型发展迎来新拐点
　　三、以新基建为契机，加快制造业数字转型

### 第 20 章　新基建对文化产业的三个作用　　174
　　一、理解第一层次：新基建丰富文化产品、服务
　　二、理解第二层次：新基建促进我国文化势能转为文化动能

三、理解第三层次：新基建助力文化治理能力现代化

## 第 21 章  以强化政策协同保障"新基建"高质量发展　　181
一、加快推进"新基建"正当其时
二、加快推进"新基建"的现实需要和战略逻辑
三、推进"新基建"高质量发展关键在于强化政策协同

# 第六篇　细分领域，百花齐放　　/ 187

## 第 22 章  云计算是驱动数字经济发展的源动力　　189
一、工业云真正释放数字经济的潜力
二、云计算是人工智能的强载体
三、云计算驱动智慧城市发展新格局
四、结语

## 第 23 章  理解"云量贷"，设想"用云券"　　194
一、什么是"云量贷"？
二、"云量贷"的意义？
三、"云量贷"怎么做？
四、"云量贷"的局限性？
五、"云量贷"之外的扩展空间？

## 第 24 章  建造 AI 伦理"方舟"，承载人类自身责任　　200
一、数据和算法重塑世界，带来诸多法律、伦理、社会问题
二、需要为人工智能发展应用建立伦理框架
三、以"四可"原则打造人工智能伦理"方舟"
四、建立人工智能信任，需要一套规则体系，伦理原则只是起点

## 第 25 章  区块链为什么上升为国家战略技术　　208
一、区块链为什么上升为国家战略技术？
二、如何实现区块链与产业的融合发展？
三、三大领域如何服务实体经济？

四、区块链融合实体经济已经有哪些落地的应用？
五、产业区块链发展将迎来黄金期

## 第26章 抓住工业互联网平台发展新机遇 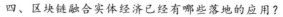 217
一、深化对新旧动能转换时期工业发展的认识
二、工业互联网平台创新激发工业新动能
三、务实有效推动工业互联网平台发展

# 第一篇 新基建的内涵和意义

随着工业经济加快向数字经济过渡，以5G、人工智能、工业互联网为代表的新基建成为我国基础设施建设的重要方向。2020年以来，受新冠疫情（简称疫情）影响，新基建迅速成为各界关注的热点。那么，我们应如何准确把握新基建的内涵和重要意义呢？

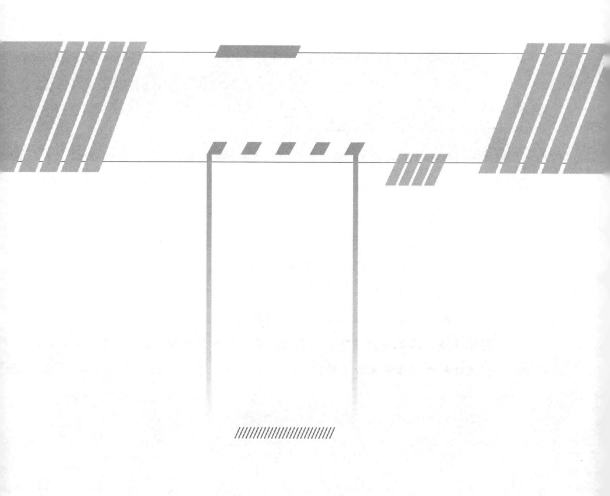

# 第1章
# "新基建"：是什么？为什么？怎么干？

本文由以下两篇文章整合而成：

（1）原文题目：《如何理解"新基建"的意义？》，作者田杰棠，发表于腾讯研究院微信公众号（2020年3月13日）。

（2）原文题目：《"新基建"：是什么？为什么？怎么干？》，作者闫德利，发表于腾讯研究院微信公众号（2020年3月19日）。

对"新基建"（新型基础设施建设），中央谋篇布局已久。2018年12月中央经济工作会议指出："加快5G商用步伐，加强人工智能、工业互联网、物联网等新型基础设施建设。"自此一年多时间内，中央先后在8次重要会议上对"新基建"进行了强调。尤其2020年前三个月就有4次之多。国家高规格、高频次表态"新基建"，我们不禁要问："新基建"是什么？为什么重要？如何推动？

## 一、基础设施是一种社会传输网络，新型基础设施就是信息基础设施

基础设施是经济社会活动的基础，具有基础性、先导性和公共性的基本特征，对国民经济发展至关重要。基础设施在我国多作为政府工作语言出现，人们往往根据工作需要通过列举的方式来说明其范围，尚没有清晰明确的定义。我们认为，基础设施本质上是一种社会传输网络，主要由通道及其节点组成，连接是其本质特征。基础设施通过连接不同的地区、不同的民众和不同的服务，传输物品和人们自身，从而实现位置的转移；或者传输水、电、气和信息，从而使人们获得公共服务。客观世界是由物质、

能量和信息三大要素构成的。在工业经济时代，物质和能量是主要传输对象，基础设施主要有交通运输、管道运输、水利设施和电网四类。通俗来说，传统基础设施是以"铁公基"[1]和"水电气"为代表的物理基础设施。随着数字经济时代的到来，信息（或者说"比特"）成为越来越重要的传输对象。作为传输信息的通道，信息网络是数字世界的"高速公路"，成为新的基础设施。正如高速公路网络不仅由公路组成，而且包括桥梁、车站、服务区和调度系统等那样，信息的聚合、分析、处理与信息传输密切相关、相互配套。因此，存储系统、计算能力与传输通道共同构成了信息网络系统，即信息基础设施。基础设施的主要类型及其组成如表1.1所示。

[1] 这里的"铁公基"泛指铁路、公路、机场、水利等传统基础设施。

第一篇　新基建的内涵和意义

表 1.1　基础设施的主要类型及其组成

| 基础设施类型 | 基础设施名称 | 传输对象 | 通道 | 节点 |
| --- | --- | --- | --- | --- |
| 传统基础设施（物理基础设施） | 交通运输 | 汽车、自行车 | 公路 | 汽车站、桥梁、服务区 |
| | | 火车 | 铁路 | 火车站、桥梁 |
| | | 飞机 | 空域 | 机场 |
| | | 轮船 | 江河湖海 | 码头 |
| | 管道运输 | 水 | 水管 | 自来水厂 |
| | | 热力 | 热力管道 | 供热中心 |
| | | 燃气 | 燃气管道 | 制气站 |
| | | 原油、成品油 | 输油管 | 炼油厂、加油站 |
| | 水利设施 | 水 | 河道、堤防 | 湖泊、水库 |
| | 电网 | 电 | 电网 | 发电厂、变电站 |
| 新型基础设施（信息基础设施） | 信息网络系统 | 信息 | 信息网络 | 存储系统、计算能力 |

来源：腾讯研究院，2020 年 3 月。

信息基础设施即中央提出的新型基础设施。回顾梳理中央 8 次重要会议，新型基础设施属于数字经济范畴，与信息基础设施基本同义。例如，李克强总理在《2019 年国务院政府工作报告》中使用的就是"新一代信息基础设施"。

在这8次会议中，2018年12月中央经济工作会议和2020年3月中央政治局常务委员会会议明确列举了"新基建"包含的几个领域。综合两次表述，中央明确提到的新型基础设施有5个，即5G网络、数据中心、人工智能、工业互联网和物联网。其中，5G网络、工业互联网和物联网主要作为信息网络通道，数据中心作为存储系统和计算能力，人工智能更多地体现在计算调度能力方面。

## 二、国家为什么此时重视"新基建"？

长期以来，我国一贯重视基础设施建设，基建能力位居世界前列，基础设施的乘数效应得到充分释放。国家布局"新基建"，既有面向未来塑造数字竞争力的考虑，更有应对当下经济疲软的现实需要。数字经济是继农业经济和工业经济之后新的经济形态。习近平总书记非常关注数字经济发展，几乎在每个重大相关场合均予以强调。2018年12月中央经济工作会议提出"新型基础设施"，是对我国数字经济工作的细化和发展，表明政府开始把"新基建"作为推动数字经济发展的重要抓手。基础设施对经济社会的引领带动作用十分明显。根据《大众日报》报道，基础设施建设增速每提升1个百分点，就会拉动GDP增速0.11个百分点左右。新冠疫情的发生给经济社会按下了"暂缓键"，经济发展和人民生活受到极大挑战，经济下行压力加大，亟需政府部门采取对冲措施，加大投资力度，把经济发展拉回正轨。在这个过程中，"新基建"被寄予厚望。新冠疫情的发生使得国家对"新基建"的重视更上一个台阶。

## 三、稳增长需要"新基建"和传统基建双管齐下

"新基建"的前瞻价值和战略意义无须赘述。有券商和媒体甚至把"新基建"视为后疫情时期包治百病的良方、应对宏观经济下行的救命稻草。过度的商业炒作,不利于其发展。事实上,"新基建"对宏观经济而言尚不足以起到大幅拉动效果。

第一,目前所谓的几十万亿元项目的主体其实不是"新基建"。据《企业透明度报告》不完全统计,全国已有22个省市自治区公布投资计划,累计约有47万亿元的投资金额[2],这与2019年31个省市自治区的计划投资金额大致相当。在这47万亿的投资计划中,"新基建"仅占一成。国务院发展研究中心原副主任刘世锦表示,仔细分析各省市自治区发布的投资计划,投资内容大部分还是传统基建,"新基建"体量从广义角度最大也就占10%左右,"还是挑不起大梁"。我国近些年进行了大规模的建设,基础设施的投资回报率相较先前有所下降。尽管如此,传统基础设施的存量市场大,仍有着十分可观的增长空间。川藏铁路等重大项目对国民经济的带动作用无可替代,在农村基础设施、城市停车场、冷链物流等方面存在有待补齐的短板,在传统基础设施数字化改造升级方面有着巨大需求。

第二,债务等问题对扩大投资形成了一定约束。2008年金融危机之后,随着大规模的刺激计划出台,一方面经济高增速得到持续,但另一方面全社会总体债务率(杠杆率)开始不断上升,累积了较大的潜在风险。所以近几年

[2] 截至2020年一季度的统计数据。

三大攻坚战的首要任务就是稳住杠杆率水平，同时对房地产、金融等行业进行整顿。在这种大背景下，尽管可以适度提高赤字率，但是大规模举债的空间不大，货币政策也不可能达到2008年那一次"大水漫灌"的力度[3]。

第三，"新基建"对中美科技竞争有较大的积极影响。美国各界对5G的重视程度极高，视5G为中美科技竞争的核心环节，因此对华为公司以多种形式进行了多次限制、制裁。哈德逊研究所[4]已经发布了多篇报告，强调"美国需要赢得5G主导权"。5G基建的加快推进对我国支持华为公司乃至我国未来科技能力提升将发挥不可忽视的积极作用。

第四，政府的角色可能发生一些变化。政府在基础设施建设中的角色已经逐步从过去的投资方变为投资动员方，这次在新基建中也许更多的是需求方。

实际上，从中央8次重要会议来看，除两次国务院常务会议外，其他6次会议都同时提到传统基础设施和新型基础设施，甚至对传统基础设施的表述更为详尽、更为具体，如表1.2所示。因此，我们要走出"片面夸大新基建，无视传统基建"的误区，"新基建"和传统基建双管齐下，方能推动经济向好发展。

---

[3] 指2008年为应对国际金融危机，国家投入4万亿元的经济刺激政策。

[4] 哈德逊研究所（Hudson Institute）于1961年在纽约州创建，是美国保守派的一个非营利性智库组织，现总部位于华盛顿。

表 1.2　中央 8 次重要会议对基础设施的表述

| 时间 | 会议/文件 | 相关表述 | |
|---|---|---|---|
| | | 传统基础设施 | 新型基础设施 |
| 2018年12月 | 中央经济工作会议 | 加大城际交通、物流、市政基础设施等投资力度，补齐农村基础设施和公共服务设施建设短板 | 加快5G商用步伐，加强人工智能、工业互联网、物联网等新型基础设施建设 |
| 2019年3月 | 《2019年国务院政府工作报告》 | 完成铁路投资8000亿元、公路水运投资1.8万亿元，再开工一批重大水利工程，加快川藏铁路规划建设，加大城际交通、物流、市政、灾害防治、民用和通用航空等基础设施投资力度 | 加强新一代信息基础设施建设 |
| 2019年5月 | 国务院常务会议 | | 把工业互联网等新型基础设施建设与制造业技术进步有机结合 |
| 2019年7月 | 中央政治局会议 | 实施城镇老旧小区改造、城市停车场、城乡冷链物流设施建设等补短板工程 | 加快推进信息网络等新型基础设施建设 |
| 2019年12月 | 中央经济工作会议 | ·推进川藏铁路等重大项目建设<br>·加快自然灾害防治重大工程实施，加强市政管网、城市停车场、冷链物流等建设，加快农村公路、信息、水利等设施建设 | ·加强战略性、网络型基础设施建设<br>·稳步推进通信网络建设 |
| 2020年1月 | 国务院常务会议 | | 出台信息网络等新型基础设施投资支持政策 |
| 2020年2月 | 中央全面深化改革委员会第十二次会议 | ·会议审议通过《关于推动基础设施高质量发展的意见》<br>·统筹存量和增量、传统和新型基础设施发展，打造集约高效、经济适用、智能绿色、安全可靠的现代化基础设施体系 | |
| 2020年3月 | 中央政治局常务委员会会议 | 加快推进国家规划已明确的重大工程和基础设施建设 | 加快5G网络、数据中心等新型基础设施建设进度 |

来源：腾讯研究院，2020年3月。

## 四、"新基建"对数字经济发展意义重大,互联网企业要有"机""危"二感

新的发展阶段和业务模式可能来临,必须引起重视。随着网速和数据处理能力的不断提升,目前的业态和业务模式可能发生较大变化。消费互联网领域可能迎来"二次升级"。比如新型手机或终端,结合VR、AR[5]的新型游戏,数字内容领域也可能出现5G时代的"新抖音"。走向产业互联网的新契机已经来临。5G对工业互联网的意义不言而喻,工业专网、网络切片、生产控制、智能决策等应用可能逐步爆发。还有一个新的"风口"可以称之为"治理互联网"。在新冠疫情的冲击下,政府和社会有效治理的问题更被高度重视,数字技术对治理能力的提升作用得到广泛认可。接下来"智慧治理"可能成为数字政府、智慧城市建设的重点方向。

无人驾驶、机器配送等人工智能应用可能率先商业化。无人驾驶的进展一直局限于"车","路"的配合不够。新基建可能在很大程度上促进"车路协同",再加上充电桩建设,无人驾驶、新能源、网约车的一体化应用机会可能出现。

"西数东送"[6]能否成为现实?工业和信息化部曾经设想过"西数东送"战略,云计算中心建在气候优势明显、能源价格较低的中西部,将数据输送到应用市场较大的东部发达地区。但受限于网络等因素,这一目的未能实现,很多西部数据中心变成了"灾备中心"。随着新基建的推进,固定和无线宽带网络速度应该会有大幅提升,时延会明显

---

[5] VR(Virtual Reality,虚拟现实)指利用计算机技术、传感技术、机器人技术、人工智能技术等实现对现实世界的3D虚拟模拟和创造。AR(Augmented Reality,增强现实)是一种实时地由计算机实施控制操作,摄影机实时影像与既有图像、视频、3D模型组合形成虚拟3D景物的技术。

[6] 即把数据中心和云计算中心等设施建设在气候优势明显、能源价格较低的中西部,再把处理后的数据输送到应用市场较发达的东部地区。

降低，再加上未来可能部署在东部地区的大量边缘计算中心，中西部地区数据中心的地位和作用可能会进一步提升。

数据安全的技术需求将会大幅增加。随着数据存储量、传输量的不断增加，安全问题可能不是线性增加而是指数级增加。尽管可以通过法律法规加以管理，但是技术仍是解决安全问题的关键。

新发展意味着新挑战者可能出现，大企业要有"二次创业"精神才能不被颠覆。2020年年初去世的哈佛商学院教授、管理学大师克里斯滕森毕生都在思考：为什么一些大型龙头企业会被颠覆？在新基建可能引发数字经济新发展阶段来临之际，互联网龙头企业都应该对未来的风险和不确定性有所警惕，也许颠覆者就在未来几年内产生。

# 第 2 章
# 发力"新基建"是实现多重战略目标的关键之举

原文题目:《发力"新基建"是实现多重战略目标的关键之举》,作者马源,发表于腾讯研究院微信公众号(2020年3月17日)。

近日以来,国家加快推进新型基础设施建设("新基建")的举措在社会上引起高度关注。"新基建"的重点是以 5G、工业互联网、数据中心、物联网等为代表的新一代信息基础设施,以及利用数字技术对传统"铁公基"基础设施的数字化智能化改造。发力"新基建"是立足当前,应对新冠疫情冲击、促消费、稳增长的有效手段,更是面向长远,构筑数字经济创新发展、谋取未来国际竞争优势的关键之举。六个观点判断如下。

## 一、"新基建"不同于传统基础设施,其科技性、创新性和赋能性更强,是经济社会迈向数字化转型的必要根基

"新基建"是相对于"铁公基"等传统基础设施而言的,主要指以 5G、人工智能、工业互联网、物联网为代表的信息网络基础设施。首先,"新基建"之"新",主要体现在科技含量特性上。具体而言,新型基础设施以新一代信息技术为主线,涉及数据的采集、加工、传输、存储、

处理等诸多环节，每个领域的科技含量都更高，投资边际回报率相对较高。其次，"新基建"之"新"，体现在创新性上。在历史上，铁路、公路、电力、水利、电信等传统基础设施均是支撑全球经济发展、人类社会迭代演进的"新型"基础设施；此轮"新基建"是因全球新一轮科技和产业革命，人类社会加速由工业经济时代向数字经济时代转变的需要而生，技术更迭速度加快，创新要素更加密集，自身具有时代特征。再次，"新基建"之"新"，体现在赋能的属性上。"新基建"具有通用目的技术（GPT）特性，对产业转型和经济增长的乘数倍增效应更强，并且通过与传统基础设施深度融合，可以助力交通、电力、水利、管网[7]、市政等领域向数字化、智能化转型，实现新的蜕变、新的发展。

[7] 指供水网、热力网、燃气网等管道网络。

## 二、"新基建"并非新的战略安排，两年多来国家已在多个场合明确提出要加快发展步伐

从国家战略安排看，"新基建"一词两年前就已提出，并持续得到国家关注。2018年，中央经济工作会议首次提出，"我国发展现阶段投资需求潜力仍然巨大，要发挥投资关键作用，加大制造业技术改造和设备更新，加快5G商用步伐，加强人工智能、工业互联网、物联网等新型基础设施建设"，并将加强新型基础设施建设、促进形成强大国内市场作为2019年政府重点工作任务之一。2019年，中央经济工作会议进一步强调，要"引导资金投向供需共

同受益、具有乘数效应的先进制造、民生建设、基础设施短板等领域,促进产业和消费'双升级'。""要着眼国家长远发展,加强战略性、网络型基础设施建设。"2020年以来,为统筹做好新冠疫情防控和经济社会发展工作,党中央、国务院多次提到要加快"新基建"部署步伐,充分说明了其战略性和重要性。深入领会中央所提"新基建"的背景和内涵,可以看到,5G、人工智能、工业互联网、物联网、数据中心等新一代信息网络基础设施是"新基建"的重点领域。

## 三、发力"新基建"兼顾了短期逆周期调节及中长期高质量发展双重要求,是扩大基建投资的优先领域

2020年是全面建成小康社会、决战脱贫攻坚、完成"十三五"规划的收官之年。2月23日统筹推进新冠疫情防控和经济社会发展工作部署会议指出,"确保全面建成小康社会和完成'十三五'规划,向党和人民交出合格答卷。"这表明,实现全年经济社会发展的目标没有改变。从增长动力来看,由于新冠疫情在全球范围内扩散,对内压抑消费、对外冲击出口,扩大投资将成为稳增长的关键所依。但是,国家"不将房地产作为短期刺激经济的手段",而制造业投资又高度市场化,且呈现出明显的"顺周期"特征,因此扩大基础设施领域投资已成为必要选项。从此次新冠疫情防控来看,在富有高科技含量的"新基建"领域,如数据中心、云计算、5G等领域,国内社会需求旺盛,

第一篇 新基建的内涵和意义

有必要加快补足短板。从国际竞争看，美国、欧盟、日本、韩国等发达国家和地区也高度重视对 5G、人工智能、工业互联网、物联网、产业互联网等新型基础设施的布局，以谋求未来国际竞争优势地位。发力"新基建"是兼顾当下、利在长远，增强国家综合国力，提升全球竞争力的重要方略。

## 四、我国加快"新基建"具有供给侧的良好发展基础，在需求侧则有巨大市场潜力

过去十年来，我国抓住数字化变革机遇，综合施策，出台了信息化发展战略纲要、国家"十三五"信息化发展规划、战略性新兴产业规划等重大规划，制定了大数据、网络强国、数字中国等国家战略，并针对物联网、宽带网络、云计算、人工智能、工业互联网等出台了专门意见，助推信息网络基础设施加快发展。从供给侧看，到 2019 年底，我国已建成技术性能领先的固定光纤宽带网络，4G 网络和窄带物联网[8]覆盖规模全球第一，5G 网络正在加速部署。大型、超大型数据中心逐渐向自然地理条件优越的区域以及需求旺盛的发达城市周边布局。云计算方面，国内大型互联网企业、基础电信企业和计算设备制造企业纷纷布局，尤其是在国内超大规模用户在线交易量的锤炼下，云计算承载能力大幅提升；在人工智能、工业互联网等领域，我国与发达国家基本同时起步，产业应用场景异常丰富，拥有巨大的潜在发展机遇。从需求侧看，此次新冠疫情客观上让各行各业充分认识到要加紧拓展线上生产经营活动，

[8] 窄带物联网（Narrow Band Internet of Things, NB-IoT）是物联网的一个重要分支，它支持低功耗设备在 2G、3G 上的 GSM、UMTS 或 LTE 蜂窝网络数据连接，带宽小、能耗低，易控制，便升级。

加速数字化、网络化、智能化转型，这已经是必然趋势，早转型早受益；对于广大消费者而言，随着5G投入运营，各种新模式、新业态又将激发出新一轮产业发展机遇，随之用户流量消费、信息消费将会倍增，市场潜力巨大。

## 五、加快"新基建"推进步伐的支点在于创新投融资方式，有效调动民间投资积极性

要加快"新基建"推进步伐，首先要解决资金从哪里来的问题。传统的"铁公基"基础设施因为投资规模巨大、回收周期长，而且公益性成分比较突出，因此通常由国家预算资金或国有部门投资为主。但对于"新基建"而言，因其科技含量高、创新性强，而且技术更迭速度快，所以从全球范围内看，在5G网络、工业互联网、人工智能、物联网等领域，普遍强调投资收益和回报，以市场化投融资方式为主，仅在区域数字鸿沟、群体数字红利、智慧城市建设等特殊领域，才更需要发挥政府作用，给予资金支持。过去十年来，我国在"新基建"等领域发展迅猛，一个很重要的原因就是，这些产业遵循了市场化和创新驱动的产业发展规律。最近两年来，我国一般性公共预算收支压缩，政府性基金收入也受房产调控而增长乏力，政府扩大基建投入，主要依靠发行专项债券或通过政策性金融扩大融资渠道。3月4日，中央在研究当前新冠疫情防控和稳定经济社会运行重点工作时，就提出"要加大公共卫生服务、应急物资保障领域投入，加快5G网络、数据中心等新型基础设施建设进度。要注重调动民间投资积极性。"

这表明，加快"新基建"投入步伐不能走老路，要创新投融资方式，有效调动民间投资积极性，并慎防政府投资对民间投资的"挤出效应"。

## 六、有效推进"新基建"要把握好统筹规划、风险防范和监管创新

"新基建"是面向数字时代的国家战略之举，必须着眼长远，通盘考虑。**一是加强统筹规划。**以整体优化、协同融合为导向，统筹存量和增量、传统和新型基础设施发展。这一点在2月14日中央全面深化改革委员会第十二次会议上已得到强调。从国际上看，近几年欧美等国发布的数字经济发展战略也都把传统基础设施数字化智能化改造列为重要任务。**二是注意防范风险。**"新基建"项目尽管经济外溢性比较强，但也有着鲜明的技术更迭快、市场竞争激烈的特征，要实现项目的财务平衡并非易事，尤其对通过发行政府专项债等方式建设的项目，其债务成本通常在4%以上，因此，要以现实需求和潜在需求扩张为导向，加强成本收益评估，择优支持，确保投资风险和成本可控，投资综合收益最大化。**三是注重监管创新。**"新基建"项目加快推进还需要一系列政策保障，例如数据中心、云计算都需要取得牌照或许可，5G垂直行业应用（如无人机）、人工智能应用（如无人驾驶、AI辅助医疗、智能投资顾问）等还需要取得主管部门的审批或技术认证等，对于这些新事物，很难沿用传统的监管思路和模式，亟须创新理念，以包容和审慎的态度为"新基建"创造良好的发展环境。

# 第 3 章
# 数字新基建是可持续发展的新动能

原文题目：《数字新基建是可持续发展的新动能》，作者尹丽波，发表于《中国工业报》（2020年03月18日）。

2020 年 3 月 4 日，中共中央政治局常务委员会召开会议，强调要加快 5G 网络、数据中心等新型基础设施建设进度，"新基建"成为社会广泛关注的热点。从 2018 年年底以来中央历次重要会议提及的相关内容来看，这个"新"字的核心体现是"数字化"。过去 20 多年，以互联网为代表的数字技术应用的不断成长，为各行各业注入活力，已充分证明数字经济对国民经济的重要促进作用。而今面临不确定性持续增加的世界，5G、工业互联网、大数据中心、云计算、人工智能等新一代数字基础设施建设和利用，正成为全球核心竞争力的重要体现。加快推进"数字新基建"不仅是当前对冲疫情、拉动投资、提振经济的"紧急之需"，更是关乎经济转型、社会发展和国家繁荣的"长远之计"。

## 一、如何理解数字新基建

当前关于"新基建"的讨论很多，包括其中的"数字部分"都还没有明确的边界范围。基于对各方提及的不同数字技术领域的共性归纳，"数字新基建"可以认为是面向数据感知、存储、传输、计算能力需要的新一代智能化基础设施，主要由与数据相关的基础软硬件构成，数据资

第一篇 新基建的内涵和意义

源则贯穿其中。

具体而言，数字新基建可分为四个层次。一是**网络层**，为数据流通提供基础网络等的设施系统，包括 5G 等新一代移动通信、IPv6、交换中心等；二是**算力层**，是支撑存储和处理分析数据资源所需的设施系统，包括数据中心、节点计算中心和云平台等；三是**算法层**，是控制和管理物理设备的软件系统，包括数据分析算法、人工智能等；四是**应用层**，一类是支撑数字技术应用和产业数字化转型的通用软硬件基础设施，如工业互联网、物联网、通用操作系统等。另一类是对铁路、电网等传统基础设施的数字化改造和升级，如数字轨道交通、新能源汽车充电桩、智能电网等。

当然，作为新概念，目前对数字新基建的定义仅是大框架，为的是尽量覆盖各种可能性。随着业态的丰富，数字新基建的内涵将会更加丰富、具体，而外延也会更为明晰。

## 二、数字新基建有哪些核心价值

国家对数字新基建的重视，以及行业市场对此积极热烈的响应，反映的不仅仅是短期经济提振的需要，更蕴含了长期的经济、社会、国家可持续发展的期待。与过去"铁公基"为代表的传统刚性基建相比，新基建由于"数字化"而具备了柔性，从而能够更有效地应对不确定性。具体体现在以下三方面。

首先,**能避免经济强刺激措施产生的副作用**。数字新基建具备多方连接力,能有效连接与契合人民生活水平提升需要,匹配我国经济促进消费的长期转型方向,避免因供给侧过量投入造成的"产能过剩"等问题。与传统的公路、铁路、房地产相比,数字基础设施聚焦于新一代信息技术的科技创新,附加值更高,可复用性更强,对资源、能源占用比更低。其支撑的智慧城市、智能交通等数字应用有利于提升城市治理水平,完善公共卫生服务,增强应急保障水平,扩大城市圈的经济辐射能力。

其次,**是国家治理体系现代化的重要支撑**。抗击新冠疫情期间,多个大数据平台有力地支撑了多省市政府部门、社区街道等的疫情防控工作,通过数据分析,研判病毒可能的传播路径,锁定重点区域、人群和场景,对可能的感染者和疑似病例 1 小时内精准上门核查,实现了高效精准的"联防联控"。疫情过后,各类大数据分析工具提供了分区分级推进复工复产的决策支撑,有利于政府部门精准施策,及时有效解决产业链复工中人员流动存在的"痛点"、物流运输存在的"堵点"、中小企业现金流存在的"断点"、原材料供应方面的"卡点"和防疫物资不足的"难点",卓有成效地助力企业复产复工。

最后,**有利于加速实现产业基础升级**。在技术领域方面,当前我国已实现局部突破,如 5G 已位居全球前列。然而很多领域还存在各种短板,如工业互联网发展势头虽然迅猛,但与发达国家仍有较大差距,领先的工业互联网平台多以欧美基础工业体系为基础,90% 以上的高端工业

第一篇　新基建的内涵和意义

软件市场被国外厂商垄断。全球超大型数据中心美国约占38%，而我国仅占10%。云计算五大厂商中有4家美国公司，包括亚马逊、微软、IBM和谷歌，我国只有阿里云排名全球第三。软件应用研发存在明显短板，操作系统、数据库、人工智能开放框架、开源软件等产业基础还高度依赖国外。着重发展这些数字新基建，才能有效支持我们的产业加速升级。

## 三、我国数字新基建已初具规模

近十年以来，我国数字基础设施建设已取得了显著成效，推动我国数字经济步入发展的快车道。2018年我国数字经济规模已达31.3万亿元，占GDP比重为34.8%，总量位居世界第二。数据积累量爆发式增长，我国数据总量达到7.6ZB，预计到2025年有望增至48.6ZB，在全球占比将超过27%。[9]

**网络层**：我国已经建成全球最大规模光纤和移动通信网络，5G等新一代网络通信技术处于领先地位。我国5G专利申请量占全球31.8%，位居全球第一，5G国际标准数量、贡献方面也位居第一[10]。伴随2019年6月中国5G商用牌照的正式发放，我国政企合力推动5G产业链上下游稳步发展，5G网络进入规模部署。IPv6规模部署加速推进，全国13个骨干网直联点已经全部实现了IPv6互联互通，国际出入口的IPv6总流量达到80.45Gbit/s。网络覆盖率大幅提升，4G基站总数达537万，行政村通光纤

[9] 数据来源：国家互联网信息办公室发布的《数字中国建设发展报告（2018年）》。

[10] 数据来源：德国专利数据库公司IPlytics 2019年发布的数据。

和 4G 比例均超过 98%，实现农村宽带网络接入能力和速率基本达到城市同等水平[11]。

**算力层**：我国数据中心发展空间巨大，云计算市场已迈入行业云时代。我国互联网架构持续优化，共建有 14 个骨干直联点。数据中心市场规模达到 1560.8 亿元，同比增长 27.1%，整体增速高于全球平均水平（约 11%）[12]。Gartner 提供的数据显示，美国数据中心起步较早，约占了全球 40% 的市场份额，而我国作为网络大国和数据大国仅占 8%，相较而言，我们的增长潜力十足，发展空间还很大。云计算市场规模持续快速增长，在政策和产业的双重推动下，2019 年云计算的市场渗透率首次突破 10%，并继续以每年至少 20% 的速度快速增长，越来越多的企业加快"上云"的步伐，云计算厂商业务营收保持 45% 以上的增长，云计算市场开始进入行业云时代。

**算法层**：我国人工智能领域发展迅速，在智能算法上处于世界领先位置，市场活力尤为突出。我国人工智能专利数量约占全球 30%，与美国大致相当。在图像识别、语音识别等应用技术方面我国处于世界领先水平，相当一部分企业拥有先进的应用技术，例如，百度、搜狗、科大讯飞语音识别准确率高达 97%，腾讯优图人脸识别准确率高达 99.8%。此外，我国约有 745 家人工智能企业，约占世界人工智能企业总数 3438 家的 21.7%，市场活力较强。2019 年中国人工智能领域的市场规模预计达到 760 亿元，人工智能赋能实体经济产业规模接近 570 亿元[13]。

**应用层**：我国在数字基础设施应用上不断创新，工业

[11] 数据来源：2019 年 7 月发布的《中国 IPv6 发展状况》白皮书。

[12] 数据来源：国际数据公司 IDC 发布的《2018—2019 年中国 IDC 产业发展研究报告》。

[13] 数据来源：Analysys 易观 2019 年中期发布的《2019 年中国人工智能应用市场专题分析》。

互联网、智慧城市、智能电网的业态日渐成熟。工业互联网基础设施和产业体系建设取得很大进展，标识解析体系初具规模，全国具有一定区域和行业影响力的工业互联网平台超过 70 个，重点平台平均工业设备连接数已达 69 万台，工业 APP 数量突破 2124 个。智慧城市建设不断升级，作为全球智慧城市数量最多的国家，我国智慧交通、智慧安防、城市大数据等各类应用日渐成熟，其中，智能电表的使用量已突破 4 亿只，基于电力大数据的"电力复工"指数在应对这次抗击新冠疫情中发挥了重要的决策支撑作用。

## 四、未来数字新基建的关键着眼点

在取得成绩的同时也要看到，我国数字基础设施建设仍然存在"数据孤岛"、部分技术落后、行业应用发展不均衡等问题，亟需将我国的数据资源数量优势转化为质量和效能优势。下一步需要立足我国数字基础设施的实际情况，聚焦经济社会发展的重大需求，促进存量数据和增量数据的流转与使用，加快推进 5G 网络建设，逐步形成国际竞争上的长板优势；加大数据中心、工业互联网建设力度，以应用带动构建良好的产业生态，补齐发展短板。

**一是加快部署 5G 网络。** 要发挥电信运营商企业主体作用，深化共建共享，加快建成覆盖全国、技术先进、品质优良、高效运营的 5G 精品网络。对消费端，推动运营商加大终端补贴和资费调整力度，加速智能终端的更新换代，让基础投资效能尽快转化为消费势能。对产业端，积极探索 5G 在物联网中的丰富应用，培育包括新一代智能手机、无人机、自动驾驶汽车、智能工厂、智能城市等基于 5G 技术的新产业和新服务。

**二是统筹布局数据中心。**在政府层面，以推行数字政府、新型智慧城市为抓手，以数据集中和共享为途径，创新建设运营模式，共建共享一体化大数据中心。在行业层面，加强协调数据中心的选址布局与用途设计，分区域、分应用场景选取不同的差异化发展思路。综合利用大数据、人工智能等技术重构数据中心运维体系，加强对数据中心运行情况、安全风险、应用水平的监测。

**三是夯实工业互联网基础。**聚焦工业互联网网络设施建设，深化 5G、时间敏感网络、软件定义网络等的应用，完善标识解析体系，提升全面连接网络的支撑能力，构建多层次平台体系，培育壮大工业 APP 集群，遴选一批基于工业互联网平台的数据集成应用解决方案，形成一批可复制、可推广的路径模式，持续提升平台连接设备和互联能力，构筑安全技术产业体系，增强安全保障能力。

**四是加快传统基础设施的数字化改造。**在城市、交通、能源等传统基础设施领域，加快利用数字化技术开展改造升级，全面推广物联网感知设备应用，实现空间、网络和数字资源共享，提高传统基础设施的建设质量、运行效率、服务水平和管理水平，形成适应数字经济、数字社会、数字政府发展需要的基础设施体系。

**五是加快数据资源全要素流通。** 加快推进国家数据共享交换平台建设，打通部门间数据壁垒，助力实现政府数据开放共享和高效管理，激活公共数据价值。积极探索制度创新，打造大数据全要素流通平台，加快数据资源全要素流通。鼓励数据交易市场与大数据园区、产业集群对接，集聚数据采集、传输、整理、存储、分析、发掘、展现、咨询等类型的企业，培育新兴数据市场。

# 第 4 章
# "新基建"若干问题的思考

原文题目:《"新基建"若干问题的思考》,作者李勇坚,发表于《中国金融》(2020年第10期)。

近一段时间,"新基建"(新型基础设施建设)一词突然火爆。而从中央的政策来看,对"新基建"实则谋篇布局已久。2018年12月中央经济工作会议首次在中央层面提出"新基建"的命题。2018年12月至今,至少有8次中央高级别会议对新基建作出了部署。2020年3月4日中央政治局常务委员会会议再次强调"新基建"后,各省市自治区纷纷推出包括新型基础设施在内的庞大基建计划,已公布投资计划的25个省市自治区推出了合计投资接近50万亿元的基建项目,其中"新基建"占比超过10%,成为投资计划的一个亮点和热点。

## 一、"新基建"提出的背景

### (一)传统基建效益递减

改革开放以来,特别是2008年以来,我国传统基础设施建设步伐持续加快,增长速度惊人。麦肯锡全球研究所(MGI)的数据显示,2012年,我国基建投资占GDP的比重达8.6%,高居全球第一(全球平均为3.5%,北美和西欧为2.5%)。近年来,我国基础建设投资仍保持了较高水平，笔者测算，我国基础建设投资占全部投资的比重超过五分之一，基础设施存量规模超过100万亿元，超过了我国GDP的总量。

基础设施建设的大幅度增长，一方面极大地提升了我国基础设施水平；另一方面我国基础设施建设投资效益明显递减。以高速公路为例，我国高速公路拥挤度一直处于0.4以下，西部地区在0.2左右，这说明高速公路的运输能力利用不足。从单公里通行费收入看，2017年全国高速公路的"公里通行费"单项收入为358.43万元，其中东部地区为533.97万元，中部及西部地区分别为309.62万元和248.54万元。中西部地区高速公路的收费水平较低，其收支缺口持续加大，也不利于高速公路的持续投资。从机场数量来看，虽然我国民用机场的数量仍远远少于美国，但是，我国已建机场的效益明显两极分化。2018年纳入统计的235个机场中，只有88个年旅客吞吐量达到100万人次，低于50万人次的机场达到106个。全国184个中小机场的约70%处于亏损状态，依赖政府财政补贴支撑。除一二线大城市机场仍有扩容空间之外，很多中小城市建设机场似乎必要性不足，尤其是近几年高铁的通达率持续增加，对机场建设的效益势必带来一定的不利影响。

传统基建的发展空间缩小，效益降低，由此需要在基建方面打开思路，引入新的基础设施。虽然目前数字类基础设施投资体量还很有限，但其网络互补性、广泛渗透性等特性，决定了其发展空间较大，边际效益仍处于上升阶段，能够发挥更大的战略价值。

## （二）数字经济发展扩张了对"新基建"的需求

近年来，我国数字经济快速发展。2018年，我国数字经济总量达31.3万亿元，占GDP的比重达到34.8%，其中产业数字化规模为24.88万亿元，占数字经济规模的比重上升至79.5%。[14]但是，从结构上看，我国数字经济领域发展最快的是消费领域，包括电子商务（占全球的市场份额已超过40%）、移动支付（交易规模超过200万亿元，居全球第一）[15]等。但是，在数字技术应用到工业领域方面，或者从数字经济的工业级应用来看，我国仍然落后于发达国家。我国工业和服务业的数字化程度大约只相当于发达国家的一半。在应用的需求方面，我国企业应用数字化技术进行企业生产或管理的比例不到30%，开展在线销售的企业比例约为45%，开展互联网营销的仅为39%。企业对自动化制造、工业机器人应用的认知比例低于45%，对网络化协同制造的认知低于四分之一。而中小企业在数字化应用方面仍有很大不足。有调查表明，250人以上的企业参与电子商务的比例在2013年为40%，而小企业仅为18.9%。从数字化相关的基础设施建设来看，我国的大数据中心、工业互联网、物联网等基础设施仍不足以支撑中小企业全面数字化。笔者的实地调研表明，与中小企业数字化有关的人工智能、工业互联网、物联网等基础设施仍有较大的缺口。从大数据中心来看，企业数据得到存储的不到10%，得到开发利用的不足2%，数据作为数字经济时代新生产要素的作用仍没有很好地发挥出来。从这些事实可以看出，对于5G、人工智能、工业互联网、物联网、

[14] 数据来源：2019年5月国家网信办发布的《数字中国建设发展报告（2018年）》。

[15] 数据来源：人民网研究院2020年7月初发布的《中国移动互联网发展报告（2020）》。

大数据中心等新型基础设施的需求仍处于上升阶段。

## 二、新冠疫情过后稳经济的重要手段

新冠疫情对我国经济增长带来了巨大的压力。从消费来看，2020年前两个月的社会消费品零售总额同期下降幅度为改革开放以来最大。而在新冠疫情期间，由于受到居家防护、交通管制、人口流动限制等公共防疫措施的影响，部分人群聚集的服务行业受到了巨大的冲击，甚至处于完全停业状态。有学者研究估计，文化娱乐业、旅游业、餐饮业的影响估计将达到3.55万亿元，相当于这些行业全年产值的四分之一左右。显然，1~2月的消费下滑将会对全年的消费增长带来不利影响。为了稳增长和稳就业，政府有必要加大投资刺激力度。如前所述，在传统基建效益递减的背景下，5G、工业互联网、人工智能等具有渗透潜力的新型基础设施就成为基建投资增长的新亮点。

### （一）"新基建"与传统基建的区别

"新基建"虽然是当前的一个热点，但对其内涵与外延均缺乏明确的界定。2018年12月中央经济工作会议首提"新基建"的概念，将其外延聚焦在5G、人工智能、工业互联网和物联网，2020年3月4日中共中央政治局常委会会议强调了"大数据中心"的建设。如果将其外延确定为中央所明确的五个方面，那么新型基础设施可以定义为支撑新一代信息技术广泛应用到社会、经济、生活的基础设施。这使其与传统基建之间存在着一些差别。

## （二）新型基础设施对现有产业具有强大赋能作用

当前，数字技术与经济社会以前所未有的广度和深度交汇融合，成为新的通用目的技术[16]。数据已成为新的生产要素。2019年10月，党的十九届四中全会首次提出将数据作为生产要素参与收入分配。新型基础设施正是数据发挥其生产潜能的基础。一方面，传统制造业、服务业等，都需要依赖于新型基础设施，推动其提升生产与企业管理的数字化、智能化水平，提高生产效率，提升其竞争力。新型基础设施还能对交通、能源、水利、市政等传统基础设施进行智能升级改造，使这些基础设施更好地发挥其应有的作用。一些新兴产业，如电子商务、在线娱乐等，也将受益于这些新基建，向更高的水平、创新的商业模式方向发展。

## （三）"新基建"直接服务于智慧社会建设

从本次新冠疫情期间的表现看，我国社会治理的数字化潜力仍很大，而"数据孤岛"等问题依然存在，公共卫生设施、应急能力建设、物资储备体系等领域仍有较大的提升空间。而这些都可以通过数字技术进一步优化提升。数字技术广泛应用到这些方面，对提升社会治理的数字化、智能化水平具有重要意义。同时，新型基础设施的完善也将推动大数据、物联网、人工智能等成为智慧社会建设的基本工具。

[16] 通用目的技术（General Purpose Technology，GTP）是指对人类经济社会产生巨大、深远、广泛影响的革命性技术，如蒸汽机、内容及、电力和信息技术。

## （四）"新基建"建设与运营模式有较大的创新空间

基础设施领域的建设与运营模式创新一直是体制变革的一个重要方面。自改革开放以来，这个领域产生了"贷款修路、收费还贷"、BOT[17]、PPP[18]等大量建设与运营的创新模式。而"新基建"以新一代信息技术为基础，将产生很多新的模式。很多新型基础设施的建设者可能自身就是一个很有份量的使用者，基础设施由建设者自用与社会公用相混合，在这种情况下，其投资、建设、运营模式都有很大的创新空间。例如，大数据中心的建设可以运用政府投资、企业运营的方式，也可以采用使用者联合投资、政府提供电费等方面的优惠措施等。

[17] BOT（Build Operate Transfer，建设—经营—转让）是企业之间基础建设、运营和商务合作的常见形式之一。

[18] PPP（Public-Private Partnership，PPP模式）指政府和社会资本合作，双方合作出资进行基础设施建设的运作模式。

## （五）具有软件和硬件同步，且技术密集、节约土地等特点

与传统基础设施相比，新型基础设施的一个重要特点是，除强调硬件建设之外，更强调软件建设。这个特点要求在建设初期就有用户深度参与。新型基础设施还有技术密集的特点，而且这个领域的技术进步很快，要求在建设初期就应考虑良好的扩容升级空间。而新型基础设施在土地、能源等硬资源方面消耗较少，选址灵活性更高，在进行布局时，需要重点考虑如何才能更均衡。

## 三、金融支持"新基建"的问题与实现途径

### （一）创新融资方式适应"新基建"需求

如前所述，"新基建"一般都集成了硬件与软件。而且，由于其技术密集的特点，往往使软件在"新基建"产品价值中占据了更为重要的地位。这样，新型基础设施缺乏金融机构定义的传统意义上的抵押品，因此，需要在融资方式上予以创新。例如，可以通过预售使用权等方式获得相应的建设资金，在此过程中要建立良好的资金监管机制。又如，可以使用权订单质押融资、政府购买服务权益质押融资等多种方式，提供银行贷款。

### （二）创新金融服务适应新承包商

"新基建"的特点决定了以硬件建设见长的传统基建承包商难以独立完成"新基建"任务。可以预期，"新基建"将产生一批新型承包商，这批承包商大多拥有一定的技术能力，不但要完成硬件建设任务，更要完成软件安装调试等工作，有些还需要参与后期的运营、技术支持等，这种新型的承包商缺乏足够的硬件资产，其实力主要体现在软性的技术方面。金融机构如何与其进行项目全生命周期的合作，为其提供金融服务及金融支持，是一个新的问题。这需要金融机构创新服务与产品，建立与新型承包商合作的长效机制。

### (三)创新金融产品支持全产业链

新型基础设施,如工业互联网、人工智能等,其建设与运营往往一体化,并形成了一个非常长的产业链。这与传统基础设施产业链较短、后期运营与建设分离等特点有着显著的区别。新基建往往与产业链布局同步,产业链布局直接影响了基础设施的效益。因此,这需要金融机构从全产业链的视角创新金融产品,实现对"新基建"的支持。

### (四)加大对"新基建"创新主体的金融支持

新型基础设施的特点决定了其投资、建设、运营、使用主体都有创新空间。例如,人工智能、数据中心、工业互联网等,其投资、建设、运营、使用主体可能是一致的,但也可能不一致,而其基础设施产品将形成一个大的产业发展平台,使其具有基础设施的性质。这类主体一般是企业,政府主要是在政策方面进行一定的支持。另一方面,对于 5G 网络这类新型基础设施,其投资额巨大,原有的投资主体在资金实力方面难以支撑这么大的资金投入,因而需要引入下游企业、地方政府等多元化的投资主体。金融部门需要充分考虑到"新基建"这些创新主体之间的差异,提供更有个性化的金融服务,为"新基建"提供更有力的金融支持。

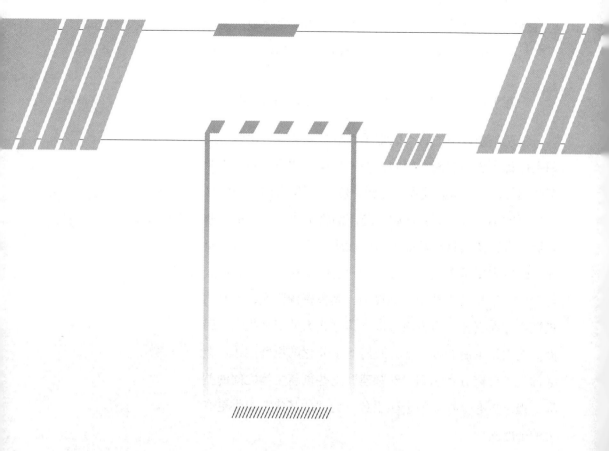

# 第二篇
## 新基建是数字经济的战略基石

1993年,美国开始建设信息高速公路,数字经济迅速成长。现今,世界经济数字化转型是大势所趋,对信息基础设施提出了更高要求。我国审时度势,做出加快推进新基建的战略部署,为数字经济注入了更加强劲的发展动能。新基建是数字经济发展的战略基石,它必将推动数字经济发展迈向新阶段。

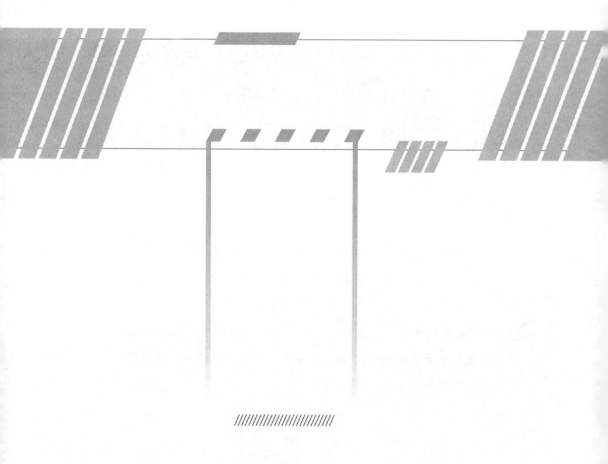

# 第 5 章
## 新基建与数字中国发展的战略逻辑

新型基础设施建设以来，受到社会各界广泛关注。目前，关于新基建的基础理论、范畴划定、战略价值与战略重点等核心问题尚待进一步明确，而对这些问题的探讨只有站在数字中国发展战略的时代大格局下看待时，方能对其战略逻辑有更深刻的理解和把握。

### 一、新型基础设施的基础理论

传统意义上理解的基础设施（Infrastructure）是为社会生产和居民生活提供公共服务的物质工程设施，是用于保证国家或地区社会经济活动正常进行的公共服务系统，是国民经济各项事业发展的基础。新型基础设施虽然在某些领域也表现为一定的物质工程设施，比如5G网络和数据中心，但更多地体现为代码、APP、标识和标准这样的虚拟形态，具有数字化、网络化、智能化的特征，这与铁路、公路、机场等传统基础设施的产品形态有很大差异。但是，传统基础设施和新型基础设施对经济社会发展都具有基础性和先导性的作用，在理论根基上具有相通性，所依赖的核心理论均为公共品理论，因此不能强行割裂两者之间的关系。诺贝尔经济学奖得主萨缪尔森[1]于1954

原文题目：《新基建与数字中国发展的战略逻辑　企鹅经济学》，作者吴绪亮，发表于腾讯研究院微信公众号（2020年5月2日），首发于《中国经济时报》"智库观点"栏目（2020年4月23日）。

[1] 保罗·萨缪尔森（Paul Samuelson,1915—2009年），美国著名经济学家，诺贝尔经济学奖得主，创立了新古典综合经济学派。他的著作《经济学》是世界著名的经典作品。

年首次将公共品（Public Goods）与私用品（Private Goods）区别开来，指出公共品的必然结果是私人投资不足，因此需要政府干预。因此，不管是传统基础设施还是新型基础设施，都需要政府和市场协同发力才可以实现最优的效率。当前对新基建的范畴划定尚处于探索阶段，有不断拓展的空间，但主线应该聚焦在数字类基础设施。2020年4月20日，国家发展改革委相关负责人明确表示，新型基础设施应该是提供数字转型、智能升级、融合创新等服务的基础设施体系。据统计，目前历次中央重要会议明确提出的新基建都是数字类基础设施，包括5G、数据中心、人工智能、工业互联网、物联网等。2020年4月9日，中央发布《关于构建更加完善的要素市场化配置体制机制的意见》，明确将数据作为一种新型生产要素写入其中。新基建的一个共同特点是围绕数据这个核心生产要素的感知、采集、传输、存储、计算、分析和应用进行技术经济活动、资源配置和制度安排。

## 二、数字中国框架下研判新基建的战略价值

由于新基建概念是在新冠疫情后期被媒体重点关注的，因此有观点将其理解为疫情后短期刺激经济回稳的应急措施，这是对新基建缺乏长线观察的表现。实际上，新基建概念最早是在2018年年底的中央经济工作会议上提出的，完全不是应对新冠疫情冲击而推出的短期措施。新冠疫情延缓了新基建的推进，但新冠疫情期间大数据、人工智能、云计算等数字技术在经济防控和保持国民经济发展

## 第二篇 新基建是数字经济的战略基石

"韧性"方面的价值凸显,在线教育、远程办公等产业互联网业务爆发则对新基建提出了新的、更高的需求。因此,2020年3月4日的中央政治局常委会会议进一步强调了新基建的重要性。由此可见,学术界关于新基建是否能在新冠疫情后经济回稳方面挑大梁的争论,实际上是对新基建战略价值的低估。那么,如何从中长期的战略视角来看待新基建的价值?这就需要结合数字中国战略来统筹考虑。

18世纪中后叶,人类制造出第一台有实用价值的蒸汽机并真正投入生产,这是第一次工业革命的主要标志,推动了机器普及和使用,人类进入"蒸汽时代",从此打开了经济快速增长的阀门。此后,我们又于19世纪迎来电力技术革命,20世纪迎来信息技术革命,正是这一轮又一轮的科技进步浪潮不断推动着全球经济持续增长。值得注意的是,这些技术均为通用目的技术而非特定目的技术,即其影响力可以扩展到经济生活的各个领域,因此才会如此剧烈地推动变革与增长。

当前,21世纪正迎来以互联网、大数据和人工智能等数字技术为主要内容的新一轮技术与产业变革的浪潮,这样的时机可以说是百年一遇。中国因为历史原因痛失前三次浪潮,而面对新一轮技术和产业变革,我们已经有了非常坚实的数字经济发展基础,因此完全有能力抓住这一次机遇,从而助力实现中华民族的伟大复兴。

正是在这样大的时代背景之下,2015年12月16日,习近平总书记在第二届世界互联网大会上提出推进"数字中国"建设,从国家层面对中国信息化进行顶层设计和统筹部署，这对于更好、更快地推动中国经济社会的数字化转型升级和国家数字竞争力提升具有极为重要的战略意义。数字中国内涵与外延都十分丰富，而构建一个产业链条完善、安全保障有力的新型基础设施体系，无疑对其具有极为重要的战略意义。

实际上，如果我们回溯互联网行业二十多年的发展史就可以发现，正是以1993年启动的"金"字工程[2]为典型代表的信息基础设施能力打造才为数字经济的持续发展奠定了坚实的基础。因此，传统基建契合的是工业经济、全球化加速发展和全球制造业梯度转移这个时代背景。自1978年改革开放以来，以"铁公基"为典型代表的传统基础设施投资快速增长，其占GDP的比重由2.57%跃升至21.02%。虽然传统基建短期内还是投资拉动经济的重点，但其拉动能力自2012年以来已经开始递减。

当前全球经济已经进入下行通道，逆全球化思维盛行，同时工业经济加速向数字经济和智能经济转型升级。新基建契合的正是新一轮技术和产业变革浪潮这个"新"机遇（实际上这是新基建之"新"的根本所在），与"数字中国"战略一脉相承。虽然目前它的投资体量还很有限，但其对各行各业降本增效、提高全要素生产率和促进整个经济中长期高质量发展方面的贡献度正处在快速爬升阶段，可以为中国未来经济持续健康发展补齐短板，战略价值不可同日而语。

[2] 指1993年启动的国家金桥工程、金融工程和金关工程，简称"三金工程"。

## 三、数字中国框架下发展新基建的战略思路

首先，需要高度重视新基建对数字中国发展的三大效应。（1）**整体效应**。基础设施具有基础性和先导性，是经济领域长远可持续发展的基石与保障。加速推进新基建，有助于数字经济、数字政府、网络空间治理等数字中国各个细分领域的持久创新发展。（2）**战略效应**。新基建上升为国家政策和社会共识，有助于互联网科技公司的商业战略与国家战略更加契合，有助于人工智能、云计算和产业互联网等核心业务推广。（3）**直接效应**。一方面，国家和地方后续会从政策与资金两方面直接影响到互联网行业；另一方面，传统基础设施的数字化改造存在巨大机遇。比如，2020年2月24日，国家发展改革委等11部委联合印发《智能汽车创新发展战略》，专门强调了"构建先进完备的智能汽车基础设施体系""推进智能化道路基础设施规划建设"。综合来看，推进新基建对数字中国发展的影响，整体效应大于战略效应，战略效应大于直接效应。

其次，需要明确新基建中政府与市场、国有企业与民营企业的关系。新基建推进中，政府规制与市场竞争如何实现有机平衡将考验我们的施政能力。对于如何在新基建中充分发挥市场机制和民营经济的作用，我们需要尽快形成共识。新基建的哪些部分适合以市场力量为主，哪些部分可以政府力量为主，哪些部分需要多种力量合作，以及以何种机制进行协同，都迫切需要在理论上和实践中科学把控。对于传统基建来说，并非所有的基础设施产品都符合严格意义上的公共品界定，很多仅为准公共品；即使某

类基础设施产品属于公共品,也并不意味其整个产业链上的每个环节均为公共品,而这一点实际上构成了近二十年来全球范围内推动电力"输配分离"、铁路"网运分离"等垄断性行业改革的理论基石;即使该基础设施产品的某个环节为公共品,按理论需要由政府提供最为有效,但按照世界银行总结的经验,政府提供不等于政府生产,民营经济在其中依然可以发挥重要作用,比如一度盛行的公私合作PPP[3]模式。因此,民营经济在传统基建中已经发挥了重要作用。而对于新基建来说,其在发展节奏和投资方向上都必须注意与运行在其上的数字经济活动协同,在与数字经济相互依存和相互促进方面更要提高敏捷度,否则无法适应数字经济快速迭代创新的经济特征,因此更需要加强调市场机制和民营经济的主导作用。民营经济参与新基建绝不能只是旧瓶装新酒,更不能是去分传统垄断行业的一杯羹,而是要一视同仁、公平竞争。

再次,需要厘清新基建与数字经济和产业互联网的复杂关系。新基建与运行在其上的数字经济理论上界限清晰,有学者将其形象地类比为路与车的关系。但实践中二者往往水乳交融,密不可分,比传统基建的路与车关系复杂得多,有时甚至出现既是路又是车的情况。2020年3月27日,中央政治局召开会议强调,要加快释放国内市场需求,保持线上新型消费热度不减。线上新型消费是数字经济的重要内容,与新型基建是相辅相成的。数字经济是新基建的市场基础,是新基建的需求来源。产业互联网是数字经济发展的高级阶段,是新基建的市场先锋军,为新基建的主攻方向勾勒了初步的轮廓。新基建是"数字土壤",是"底

[3] PPP(Public-Private Partnership)模式是指政府和社会资本合作,双方合作出资进行基础设施建设的运作模式。

## 第二篇 新基建是数字经济的战略基石

座"，将为数字经济和产业互联网持续发展、新业态新模式培育和数字中国建设夯实基础。

最后，需要以平台思维去打造新基建的数字生态体。新型基础设施建设必须强调生态体打造，因为只有催生了一个繁荣茂盛的"数字生态共同体"，其下的新基建才可以在真正意义上发挥基础设施的作用。比如，2017年国务院发布《新一代人工智能发展规划》，科学技术部为此遴选出腾讯医疗影像等代表性业务领域打造国家新一代人工智能开放创新平台。这一平台并没有关起门来自己埋头做，而是依托腾讯觅影在医疗AI领域取得的技术突破，发挥"连接器"的作用，从创新创业、全产业链合作、学术科研、惠普公益四个维度推动开源开放，并在抗击新冠疫情期间与钟南山团队合作成立大数据及人工智能联合实验室。基于这一策略，腾讯构建了一个医疗机构、科研团体、器械厂商、AI创业公司、信息化厂商、高等院校、公益组织等多方参与的开放平台，从而促进了新型基础设施平台的整个数字生态繁荣。

实际上，不只是人工智能，在5G、数据中心、工业互联网、物联网、云计算等各个领域打造新型基础设施，都需要重视以平台思维去构建应用生态系统，需要汇聚应用需求、研发、集成、资本等各方，通过产业与金融、物流、交易市场、社交网络等生产性服务业的跨界融合，推动各行业各领域的"上云用数赋智"和融合应用创新。因此，平台和生态思维是发展新基建乃至建设数字中国的必由之路。

# 第 6 章
## 解码数字基建，赋能数字经济发展

*原文题目：《解码数字基建，赋能数字经济发展》，作者殷利梅，发表于《人民邮电报》（2020 年 5 月 15 日）。*

2020 年 3 月 4 日，中共中央政治局常务委员会召开会议，强调要加快 5G 网络、数据中心等新型基础设施建设进度，吹响了新基建的"集结号"。新基建的"新"字主要体现在数字化上，即数字基础设施建设（数字基建）。数字基础设施通常与信息基础设施二者混用，在突显数据作为重要战略资源、核心生产要素的当下，数字基础设施出现的频率更高、使用更普遍。

### 一、划边界　数字基建可分为三个层次

数字基建还没有明确的边界范围，一般通过列举的方式呈现。随着新一代信息技术不断涌现，数字基建也在日益扩围。基于对各方提及的不同数字技术领域的共性归纳，我们认为，数字基建是指提供数据感知、采集、存储、传输、计算、应用等支撑能力的新一代数字化基础设施建设，数据如同血液充盈在数字基建的每一个部分。

具体来看，数字基建主要由与数据相关的基础软硬件构成，包括网络通信层、存储计算层、融合应用层三个层次。**网络通信层**承担数据的感知、采集与传输，是信息空间里

的"高速公路",是数字基建的"感官"和"神经"系统,具体包括 4G、5G 移动网络、光纤宽带、IPv6、卫星互联网等。**存储计算层**支撑海量数据的存储和计算,是数字基建的"大脑",具体包括数据中心、云计算平台、人工智能算法等。**融合应用层**是管理数字基建和创造应用价值的"灵魂",一类是支撑数字技术应用和产业数字化转型的通用软硬件基础设施,如工业互联网、物联网、通用操作系统等基础软件,以及行业应用软件、安全软件等。另一类是对铁路、电网等传统基础设施的数字化改造和升级,如智能交通基础设施、智慧能源基础设施等。

## 二、看当下 数字基建加速进行时

自新基建号角吹响以来,各地纷纷发力数字基建,重庆市、贵州省、湖南省、上海市、广州市等省市制定了一批利好政策,启动了一批重大项目。上海市政府发布了《上海市推进新型基础设施建设行动方案(2020—2022 年)》,以数字基建为核心梳理了未来三年实施的第一批 48 个重大项目和工程包,预计总投资约 2700 亿元。广东省广州市开展了首批数字基建重大项目集中签约及揭牌活动,涉及 73 个总投资规模约 1800 亿元的项目。重庆市集中开工 22 个新基建重大项目,涵盖 5G 网络、数据中心、人工智能等众多领域,总投资 815 亿元。湖南省长沙市集中开工 106 个新基建项目,涵盖 5G、大数据、人工智能、工业物联网等领域,总投资近 30 亿元。

从具体领域看，全国范围5G基站加速建设。截至2020年3月，全国已经建成5G基站19.8万个。电信运营商及中国铁塔纷纷公布2020年内5G基站建设计划，设立数千亿元规模产业基金，加大资金支持力度。数据中心积极扩容。近三年，数据中心市场规模增速在30%左右，2019年市场规模超过1500亿元。2020年3月以来，基础电信运营商，华为、浪潮等服务器供应商，腾讯、百度、阿里巴巴等互联网企业竞相强化布局，在粤港澳大湾区、甘肃张掖、西藏拉萨、重庆等地新建或扩建数据中心，投资规模达数百亿元。工业互联网的产业与金融业合作持续扩大。国家工业信息安全发展研究中心发布的数据显示，2020年第一季度，国内工业互联网行业融资事件共计40起，披露融资总额突破20亿元。融资事件数量及超亿元事件占比均较2019年同期实现大幅增长。3月底，海尔的COSMOPlat[4]完成9.5亿元的A轮融资，创下工业互联网平台A轮融资规模之最。

[4] COSMOPlat是海尔推出的自主知识产权、引入用户全流程参与体验的工业互联网平台。其主要思想是以用户为中心，使用户由购买者转变为参与者，构成全产业链以用户为中心来设计和生产产品。

## 三、谋长远 持之以恒推进数字基建

每一类数字基础设施都有其自身发展规律和发展特点，应切实做好统筹规划，抓住核心关键，坚持"拓长板、补短板"并举，围绕5G网络、基础软件、数据中心、云计算平台、工业互联网等重点领域，精准发力、以长补短、齐头并进，培育壮大数字经济新动能。

一是拓长板，加快推进5G部署应用。充分发挥电信运营商的主体作用，加大针对5G的资金支持力度，加快

5G 基站建设进度，提升网络覆盖率。拓展 5G 应用场景，深化面向个人消费者和行业用户的深度应用，尽快形成引领性、示范性应用。

二是补短板，着力发展软件产业。坚持应用牵引、市场主导，用市场化方式解决软硬技术适配性低等问题。深化融合应用，推进各行业、各领域知识和技术的软件化，强化"软件定义"体系在工业互联网、大数据、人工智能等领域的推广。鼓励大型企业提升对开源生态建设的贡献度，积极拓展我国企业与国际组织、标准机构和跨国企业之间的多层次开源合作。

三是聚资源，科学规划建设数据中心。加强超大型数据中心的统筹规划和建设，将规模小、效率低、资源耗费大的数据中心向大型数据中心迁移。优化数据中心运营管理，以智能运维技术代替人工运维，提升数据中心管理效率。打造节能环保的绿色数据中心。

四是搭平台，提升云计算服务能力。加快云计算技术创新发展，加强云数据库、大数据分析、人工智能平台等系统开发。加强云服务商和行业企业供需对接，深入推动中小企业上云，促进大型企业、政府和金融机构等更多信息系统向云平台迁移。

五是促转型，全面布局工业互联网。改造升级工业互联网内外网络，增强完善工业互联网标识体系。推动工业互联网平台建设及推广，加快工业数据集成应用。加快健全安全保障体系。

# 第 7 章
# 数字基建的思考与建议

原文题目：《数字基建的思考与建议》，作者高晓雨，发表于腾讯研究院微信公众号（2020 年 3 月 26 日）。

3 月 4 日，中共中央政治局常务委员会召开会议，强调要加快 5G 网络、数据中心等新型基础设施建设进度。随着数字经济时代加速到来，数据已经成为核心生产要素和战略资源，以 5G、工业互联网、大数据中心、云计算、人工智能等为核心的数字基础设施发展水平正成为全球核心竞争力的重要体现。加快"数字基建"，既是立足当前对冲疫情影响、拉动有效投资、提振经济增长的重要举措，更是着眼长远培育壮大数字经济新引擎，推进数字社会和数字政府建设，实现经济社会高质量发展的坚实保障。

## 一、准确把握数字基础设施的战略意义

传统基础设施，比如路桥、公共设施、工业场景的装备、设备等，都是看得见摸得着的实体设施，这些加速了物理空间的发展速度。而在数字经济时代，数据已经成为核心生产要素和战略资源，围绕数据全生命周期的网络传输、存储、计算、应用等基础软硬件成为生产生活、社会发展不可或缺的新基础设施，通过这些新型基础设施实现对物理空间背后"不可见世界"的管理。

立足当前，数字基础设施建设能有效拉动投资，助力

稳增长、稳就业。同传统基建相比，数字经济是当前最有活力的经济领域之一，数字基础设施建设对新业态、新需求具有更突出的带动作用。同时，推进新型数字基础设施建设是我国对冲新冠疫情影响和经济下行的利器。受新冠疫情影响，网上下单、无接触服务、远程办公、在线课堂等线上服务需求激增，信息消费升级使得数字基础设施建设诉求更加强烈。对以 5G 网络、数据中心、工业互联网为代表的数字基础设施投资建设，将成为稳投资的主渠道。在 5G 领域，预计 5 年内可直接拉动电信运营商网络投资 1.1 万亿元，拉动垂直行业网络和设备投资 0.47 万亿元。

着眼长远，数字基础设施建设是数字经济发展的基础和保障，是经济高质量发展的新动能。数字经济的发展，必须有相应的数字基础设施作为基础和保障。纵观前三次工业革命，都是以相应时代的"新型"基础设施建设为标志，铁路、公路和电网、互联网分别是推动前三次工业革命发展的基础设施。当前，由新一代信息技术引发的第四次工业革命，新型数字基础设施正在成为全球产业竞争、投资布局的战略高地。在产业数字化方面，新基建与数字产业形成良性互动，就能真正体现出其"乘数效应"和"裂变"功能。在产业数字化方面，新基建可帮助传统产业尽快实现数字化、网络化和智能化转型，而实体经济发展又能反哺新基建，形成良性循环。

## 二、我国数字基础设施具备良好基础

随着 5G、云计算、人工智能以及大数据等新一代信息通信技术的发展，数据呈现爆发式增长态势，大数据产业发展日益壮大，围绕数据全生命周期的基础设施建设取得显著成效。

### （一）数据采集体系逐步完善

互联网领军企业依托流量入口，在电商、金融、旅游、交通、电信等领域采集沉淀了大量消费者数据。政府部门结合各自的管理职能，采集了全方位、多层次的市场主体信息和行业运行数据。工业企业通过搭建工业互联网平台，实现人、机、物等各类生产要素、业务流程以及产业链上下游的实时连接与智能交互，汇聚起海量的产品生命周期管理数据、企业资源规划数据、生产执行系统数据、供应链管理数据和客户关系管理数据。

### （二）数据传输基础愈加坚实

我国移动通信技术实现从2G空白、3G跟跑、4G并跑到5G引领的重大突破，推动信息基础设施建设跨越式发展。目前，已建成全球最大规模光纤和移动通信网络，光纤用户渗透率达92.5%，稳居全球首位，IPv6改造基本完成。部署4G基站总数达537万，4G用户数达12.8亿，行政村通光纤和4G比例均超过98%。正式启动5G商用服务，开通5G基站约13万个，5G用户数快速增长[5]，广泛渗透到教育、医疗、交通、制造等垂直行业，细分领域应用创新活跃。全国具有一定区域和行业影响力的工业互联网平台超过70家，十大"双跨平台"平均工业设备连接数达到69万台套。同时，车联网、电力物联网、城市感知设施

[5] 此数据为作者成稿时公布的数据。2020年7月23日，国务院新闻办公室举办的新闻发布会上，工业和信息化部发布数据，截至2020年6月底，全国已建设开通5G基站超过40万个，连接到5G网络的终端数量达到6600万部。

和智能化市政设施的建设也在持续快速推进。

## （三）数据存储能力持续强化

当前，大数据服务向云上迁移已成为领军企业倡导的主流技术趋势，各类大规模可扩展的数据库服务纷纷上云。一批云端数据中心快速建成，通过构建 PB 级商用云托管数据库和提供高性能、易用型的云端数据仓库解决方案，形成了较为可观的企业数据存储能力。同时，我国数据中心产业保持快速健康发展，全方位支撑数据存储能力显著提升。在规模上，2018 年全国数据中心业务收入实现 880 亿元，同比增速达 35%，2015—2018 年产业规模增长超 1 倍，远高于全球数据中心产业的平均增速水平。在布局上，全国有 28 个省市自治区均已建立了大型或超大型数据中心，新建数据中心正在逐渐向空间更广阔的西部以及北上广深一线城市的周边区域转移。

## （四）数据计算效率显著提升

国内一批领军企业正在致力于技术创新和充分规划利用计算资源，积极克服"算力效率"瓶颈。在处理器芯片架构层面，单核算力开始向异构算力组合演进，在提升系统整体效率的同时，配合虚拟化技术实现富余算力的共享利用。在能力建设层面，具备基础的企业纷纷打造多种工具和能力组合的数据中台，打破原有的复杂数据架构，形成可复用的通用数据计算分析能力，驱动各类生产经营决策更为高效。在技术融合层面，大数据平台和机器学习平台日趋深度整合，通过智能元数据感知、敏感数据自动识别、智能化数据清洗和分析，实现数据自动分级、分类与关系识别，大幅提升了数据计算质量，在互联网企业的搜索、推荐、广告等各类实时在线业务中应用尤为广泛。

### （五）数据应用不断深化

数据资源量快速增长。2018年，我国数据总量达到7.6ZB，预计到2025年有望增至48.6ZB，在全球占比将超过27%。应用领域不断扩展[6]。2019年，包括数据挖掘、机器学习、产业转型、数据资产管理、信息安全等大数据技术及应用领域都将面临新的发展突破，成为推动经济高质量发展的新动力。

应用深度不断加深。互联网、金融、通信、安防等领域的大数据应用取得积极成效，交通、能源、工业等领域的大数据应用快速增长。以工业为例，工业大数据市场规模600多亿元，研发设计、生产、供应链、销售、运维等领域数据量越来越大。

## 三、明确数字基础设施的建设重点

下一步，我们应进一步加快推进数字基建，促进存量数据和增量数据的流转与使用，激发数字资源的潜能，构建良好的产业生态，为经济高质量发展提供有力支撑。

一是**推动数据基础设施不断升级，加快数据资源全要素流通**。推动互联网、物联网基础设施向泛在、高速、智能等方向不断升级，超前部署人工智能、区块链等新型应

---

[6] 数据来源：国际数据公司（IDC）发布的《IDC：2025年中国将拥有全球最大的数据圈》白皮书。

用基础设施，为推动大数据产业发展、加速全域数字化建设提供有力支撑。加快推进国家数据共享交换平台建设，打通部门间数据壁垒，助力实现政府数据开放共享和高效管理，激活公共数据价值。积极探索制度创新，打造大数据全要素流通平台，加快数据资源全要素流通。鼓励数据交易市场与大数据园区、产业集群对接，集聚数据采集、传输、整理、存储、分析、发掘、展现、咨询等类型的企业，培育新兴数据市场。

二是以行业应用为牵引，大力提升数据开发利用水平。深化工业大数据应用，遴选一批工业大数据应用试点、示范企业和项目，通过试点先行、示范引领，总结推广可复制的经验、做法。加强数据标准规范建设，完善对数据的采集、组织、存储、处理等生命周期各环节标准，广泛开展标准试点示范，引导行业健康、有序发展。加大舆论宣传力度，提升消费者、经营者、平台企业的个人信息保护意识，引导企业合法合规收集数据，鼓励消费者依法披露个人信息泄露情况。

三是加强核心技术研发，培育高质量数据分析产品。发挥社会资本、产业联盟等平台作用，把国内优势技术力量凝聚起来形成合力，支持大数据海量多源异构数据的存储和管理、大数据处理框架、开源技术等大数据关键技术及产品研发，推出满足关键行业重大需求的大数据技术产品体系，并以产业实践为基础，逐步形成大数据标准体系和知识产权体系，并逐渐向技术应用和产业前沿快速跃升。积极围绕产业链部署创新链，围绕创新链完善资金链，实现大数据技术产品的创新发展。

# 第 8 章
# 新基建与数字化新常态：全域化、全链路

原文题目：《新基建与数字化新常态：全域化、全链路》，作者刘金松、吴心悦，发表于腾讯研究院微信公众号（2020年4月19日）。

随着一季度统计数据公布，经济受疫情冲击影响显现。在充满挑战与压力的背景下，新兴产业表现出强大的成长动力和创新活力。事实上，在全球抗击疫情的过程中，不管是在国内，还是在其他国家和地区，包括互联网在内的新兴产业都发挥了重要作用。

从助力精准防控到协调物资分配，以及利用人工智能等技术提高诊断效率，在抗击新冠疫情（简称疫情）的背景下，科技行业充分利用自己的技术实力和产品优势，通过数字化技术提升疫情的防控效率、促进企业、机构复工复产。可以说这场突然而至的疫情，正进一步加速稳步推进的数字化进程。尤其随着国内成功控制疫情、全力推进复工复产的过程中，在产业协同、社会治理、公共服务等多方面，对数字化技术的应用提出了更高的要求。而得益于"新基建"的助力，中国的数字化进程将进入"全域化、全链路"的新常态。

## 一、数字化的三个阶段

推进产业和公共服务领域的数字化，一直被认为是提

## 第二篇　新基建是数字经济的战略基石

升产业效率、满足人民群众需求的重要举措。从最早的"三金工程"到后来的智慧城市，以及移动互联网之后各地兴起的数字政府，都相继推动了中国在公共服务和产业领域的数字化进程。尤其是移动互联网的发展，加快了以消费端为核心的数字化进程，并逐渐向产业互联网领域深化。20世纪90年代启动的"三金工程"被认为是中国推进数字化战略的起点。所谓"三金工程"，即1993年国家启动的"金桥""金卡"和"金关"等重大信息化工程，三项工程分别服务于国家公用经济信息通信网网络建设、以外贸为核心的通关自动化和无纸贸易流程建设，以及以服务金融业务系统为核心的电子货币工程。

"三金工程"的推行，拉开了国民经济信息化的序幕。随着相应工程的推广，越来越多的项目逐渐被纳入其中，共同推动着信息化总体规划建设。2002年，国务院发布17号文件《我国电子政务建设指导意见》，要求启动和加快建设包括办公业务资源系统、宏观经济管理、金财、金盾、社会保障等在内的十二个重要业务系统，即"十二金工程"[7]。以"十二金工程"为代表的信息化建设，推动了事关国民经济运行的一些重要经济管理领域的数字化进程，像海关、金融、财税等领域，都是和社会经济运行密切相关的领域。

如果说"金字"系列工程完成了重要垂直管理部门的数字化，那么从2008年开启的智慧城市建设，则转向以城市为主体进行横向数字化拓展，数字化的核心也转向以提升城市治理和公共服务效率为目标的重点领域和项目。

[7] 指1996年开始建设的金信工程、金桥工程、金税工程、金智工程、金交工程、金旅工程、金盾工程、金卡工程、金农工程、金企工程、金宏工程、金关工程，简称"十二金工程"。

政务、能源、交通、教育、医疗成为在城市维度推进数字化的先行领域。截至目前，我国在建的智慧城市数量超过500个，占全球试点数的将近一半。与此同时，伴随互联网行业的发展，我国居民消费、生活服务、文化娱乐行业的数字化进程也不断深化。

2018年，我国电子商务交易额为31.63万亿元[8]，其中网络零售规模、网络支付用户规模以及快递物流数量均为全球第一。而在大众文化消费和信息消费领域，数据内容消费成为新的消费增长极。2018年，我国已拥有6.75亿网络新闻用户，6.12亿网络视频用户，5.76亿网络音乐用户，4.32亿网络文学用户，在整体网民中占比均过半。在政务、城市、消费等领域不断推进数字化的过程中，有关数字化的宏观战略也在不断演进。而在党的十九大报告中，有关"数字中国""智慧社会"的新目标，则成为下一步数字化建设的重要方向。

[8] 数据来源：2019年5月商业部发布的《中国电子商务报告(2018)》。

## 二、新冠疫情下的加速度

从我国整体的数字化进程来看，在国家政策和商业机构的推动下，基于区域化、行业化的数字化网络相继组建完成。尤其是在移动互联网推动下，数字化进程不断提速，数字化应用和创新不断。在政务服务领域，不少城市借助移动互联网、大数据、人工智能等技术，实现了"零跑动""指尖办""秒审批"等服务。但新冠疫情的出现也为数字化的推进带来新的考验：在生产和服务领域还存在一些数字化"断点"现象，在城市之间还存在数字化"断头路"问题，在不同领域之间还存在"信息孤岛"问题。城市运行的数字化"主干道"虽然已畅通无阻，但在连接社区、企业等主体机构时，还需要解决数字化"最后一公里"问题。作为城市治理的最小单元，社区在数字化技术和工具的使用上，属于薄弱环节。

在城市的日常运营中，这种数字化不足的影响尚不明显，但在城市进入疫情防控状态时，出于防疫需求的"数据统计、居民服务"等面临较大压力，传统的运行方式难以应对"大规模、及时性"的管理需求。不过对大多数城市而言，得益于城市内部已搭建畅通的数字化主干道，在疫情期间的一些数字化短板很快被打通。以"健康码"为例，其已成为打通社区数字化管理的关键一环。全国绝大多数省市自治区上线了包括健康申报在内的疫情专区功能。此外，随着推进企业复工复产进程的加快，省内一体化、全国一体化的健康码也对省内或省际信息互认和人员流动提供了便利。

在促进生产协同方面，工业和信息化部推出的"国家重点医疗物资保障调度平台"小程序则围绕应急需求，帮助快速完成防疫物资的调度。该小程序上线的"疫情防疫物资生产运输数据采集平台"，对于协助各级政府部门确定应急物资重点联系企业，摸清物资生产供应情况、对物资的调配工作进行跟踪和决策起到重要的支撑作用。企业生产与运营层面，受疫情影响，一些对线下运营具有较强依赖的场景，也加速了数字化进程。

远程办公也成为了一个代表性场景，这一原本普及率并不高的工作方式，在疫情期间却出现了需求暴涨。根据艾瑞咨询的调研，春节后超过 1800 万家企业、近 3 亿人采用了远程办公模式。除此之外，一些重要国际会议也开启远程模式。"联合国 75 周年纪念"（UN75）的数千场活动，也将借助腾讯会议、企业微信等工具搬到线上进行。已经连续举办 60 多年、120 多届的全球贸易盛会"广交会"，也将在由腾讯提供整体技术支持、平台研发服务与云资源的支撑下，搬上云端。并且，根据线上的特点，"广交会"进行了全新的结构设计和流程再造。

疫情之下的数字化举措，虽有解决应急之需的考虑，但也必将对未来的日常运行产生深刻影响。从公共服务的视角看，将形成从城市到乡村、从主干网到连接"最后一公里"的全域化数字服务网络；从产业视角看，将形成覆盖从企业生产、运营、管理，到产业链协同的全链路数字化链条。

## 三、新基建助力

对于推进数字化新常态建设而言，新基建显然具有非同一般的意义。2020 年 3 月 4 日召开的中央政治局常务委员会会议指出，要加大公共卫生服务、应急物资保障领域投入，加快 5G 网络、数据中心等新型基础设施建设进度。在 3 月 21 日，工业和信息化部发布《关于推动工业互联网加快发展的通知》，将"加快新型基础设施建设"作为主要任务，并为配合加快新基建进程出台了 20 项具体举措。新基建的推进，将为推动"全域化、全链路"的数字化新常态建设提供重要的技术支撑。

从新基建涉及的领域来看，基本包括了近几年出现的新兴热门技术，新基建的推进首先是加大这些前沿行业本身的发展，而这些前沿技术的应用和普及，将是构建"全域化、全链路"数字化新常态的重要支撑。以 5G 技术为例，其低时延、高通量的特性，将是交通、医疗、工业制造等领域数字化的重要基础。除了加快技术层面的普及和应用之外，新基建还有助于相关配套机制的完善。以在此次抗击疫情中发挥重要作用的人工智能影像识别系统为例，患者 CT 检查后最快 2 秒就能完成 AI 模式识别，1 分钟内即可为医生提供辅助诊断参考，大大减轻了抗疫前线医生的工作负担，提升了检查效率。但要，把人工智能技术应用于具体的疾病诊断、识别，需要大量的数据做支撑。从单个的试点领域扩大到更广泛的范围，显然就需要相应的制度、机制，以确保具体应用的"可知、可控、可用、可靠"。因此，未来人工智能技术在医疗领域的应用要从影像识别融入更多诊治环节，就需要相关的制度作为配套。某种程度上，如果说过去十多年的数字化进程，无论是政务领域的信息化，还是智慧城市、产业领域的数字化转型，都有比较多的国际经验和案例可供参考。在新基建背景下，如何构建数字化的新常态，则面临着诸多新的挑战和机遇。这其中既包含了技术的突破，也包含配套机制的建设。

因此，新基建将从两个维度促进数字化建设。一是通过各种措施和投资，大力推进新技术、新产业本身的发展；二是完善相关制度建设，为新技术与其他行业、领域的融合提供制度和机制保障。总体来看，"新基建"是要把垂直技术领域的优势，推向更广泛的社会普惠的范畴，让更多行业和领域享受新技术的红利，并在此基础上构建面向未来的数字化新常态的底层操作系统。

# 第 9 章
# 筑牢新基建网络安全防线
# 为数字经济健康发展保驾护航

数字经济已经成为我国的新型经济社会形态，与之匹配的基础设施建设工作也在稳步推进。近期我国基本确定了三大类新型基础设施[9]，而基于新一代信息技术演化而成的信息基础设施，也将成为数字经济的关键基础设施乃至整个经济社会的神经中枢。

网络安全和数智化是一体之两翼、驱动之双轮。习近平总书记曾指出："没有网络安全就没有国家安全，没有信息化就没有现代化。"新型基础设施以网络和数据为核心，本质上是数字经济的基础设施。国家电网公司 2020 年 6 月 15 日也发布了"数字新基建"十大重点建设任务，聚焦大数据等领域，预计拉动社会投资约 1000 亿元，将带动上下游企业共同发展。

新基建应该落实总体国家安全观，立足于服务数字经济的宗旨，为网络安全保驾护航，为数据安全遮风挡雨，助力数字经济发展。

原文题目：《筑牢新基建网络安全防线为数字经济健康发展保驾护航》，作者欧阳日辉，原文发表于《科技日报》（2020 年 6 月 19 日）。

[9] 三大类新型基础设施是指信息基础设施、融合基础设施和创新基础设施。

## 一、网络与数据安全是基本保障

产业数字化和数字产业化过程中,网络化可能会带来网络安全问题,数字化可能会带来数据安全问题。网络安全和数据安全是不同的概念,网络安全是指网络系统的硬件、软件及其系统中的数据受到保护,不因偶然的或者恶意的原因而遭受破坏、更改、泄露,系统连续、可靠、正常地运行,网络服务不中断;数据安全是在网络安全提供的有效边界防御基础上,以数据安全使用为目标,有效地实现对核心数据的安全管控。数字经济健康发展需要将数据作为核心保护目标,通过网络安全和数据安全共筑数字经济发展的"护城河"和"城墙"。

新冠疫情(简称疫情)防控期间,我国信息基础设施的作用初步显现。远程医疗、在线办公、网络教育、非接触经济、宅经济、共享经济、智能制造等新业态新模式,在新一代信息技术支撑下蓬勃发展,助力抗击疫情和复工复产。

网络安全和数据安全问题不仅关系到公民切身利益,而且是涉及保护数字经济发展的关键生产要素。数字经济已成为支撑各国和全球经济增长的重要引擎,数据已成为关键生产要素和重要战略资源,是创造价值的核心资产,数据安全问题已成为经济社会的关键问题。

当前,我国的信息安全基础技术研发能力仍需提高,关键信息基础设施安全保障仍需进一步加强,数据安全风险防范能力仍需持续提升。

## 二、让系统具有"主动免疫力"

新型基础设施建设对安全问题提出了新的挑战。欧盟国家网络安全（NIS）协作组发布的《欧盟 5G 网络安全风险评估报告》指出，5G 广泛的服务和应用将进一步对 5G 网络安全有关的性质（如保密性、隐私性、完整性、可用性等）提出更高要求[10]。比如，5G 网络有可能大规模中断、窃取流量/数据，通过 5G 网络破坏、更改其他数字基础架构或信息系统。新基建将加速网络空间与物理空间的连通和融合，加快智慧城市、智慧交通、智慧能源、智慧医疗的发展，但与此同时可能会带来智慧城市设备安全问题、自动驾驶安全问题、物联网病毒和安全漏洞问题等，网络安全从数字空间延伸到现实世界，并与国家安全、社会安全、人身安全息息相关。所以，网络安全技术理应成为新基建的关键技术之一。

[10] 2019 年 10 月 9 日，在欧盟委员会和欧盟网络安全机构的支持下，欧盟成员国发布了《5G 网络安全风险评估报告》。

国家关键信息基础设施关系国家安全、国计民生，必须采取一切必要措施保护关键信息基础设施及其重要数据不受攻击破坏。2017 年以来，《关键信息基础设施安全保护条例（征求意见稿）》一直在完善之中。我们需要建设以 5G 网络为核心的安全可信的网络环境，着力构建 5G 安全保障体系，让网络信息系统具有"主动免疫力"。

## 三、围绕安全运营布局新基建

数字经济要想快速健康发展，就需要高质量推进新型信息基础设施建设。新型信息基础设施的布局建设，必须以网络安全和数据安全为前提,加强科学研判、系统谋划,形成技术创新、产业发展、安全可信的良性生态,让人民群众在信息化发展中有更多获得感、幸福感、安全感。为此,提出以下八点建议。

第一,科学研判新基建带来的网络安全新挑战。充分估计5G网络、物联网、工业互联网和数据中心等带来的虚拟化挑战、开放性挑战、切片化挑战、大连接挑战、开源化挑战和大数据挑战,重新评估5G及其生态系统的当前政策和安全框架的潜在问题。

第二,落实总体国家安全观,制定新的网络安全战略,增强安全能力。要认识新基建带来的网络安全性问题的复杂性,坚持安全可信、自主可控、开放创新并重,重视"交互"所带来的安全问题,系统化地研究安全问题,把增强人民群众获得感、幸福感、安全感放到突出位置。

第三,正确处理安全保护与业态创新关系。安全是数字经济发展的奠基石,新业态新模式是安全发展的助推器。新基建既不能盲目冒进,也不能裹足不前,在风险可控的前提下,积极推动较为成熟、安全性高的新基建项目。

第四,重视信息基础设施的安全关键技术研发。进一步加大网络安全基础理论、前沿技术研发和关键技术的攻关支持力度,建立我国自主可控的网络安全技术、产品和服务的软硬件生态体系,比如自主创新的、主动免疫的可信计算体系,支撑国家新型基础设施建设。

第五,动态评估并建立网络风险管理措施工具箱。根据智能制造、工业领域在软件开发、设备制造、实验室测试、合格评定等方面的发展水平和应用程度,及时评估5G网络在工业领域的安全风险,建立一个适当的、有效的、有针对性的通用风险管理控制型"工具箱"。

第六,加强网络安全制度建设,全面保护关键信息基础设施。根据新基建的要求建立并不断完善国家关键信息基础设施清单,加强国家关键数据资源管理制度,研制关键信息基础设施的基础性标准,建设国家网络安全信息共享平台和应急指挥平台。

第七,大力发展网络安全产业,打造网络安全产业生态。推动网络安全企业在信息技术安全监测能力、网络攻击追溯能力等方面加强研发,引导企业协同创新,建立我国信息技术产品自主可控生态链,鼓励网络安全企业由提供安全产品向提供安全服务和解决方案转变。

第八,加强数据共享和安全保护。健全数据治理相关规则,推动公共数据资源跨部门按需共享和向社会开放,加快数据要素发挥作用的步伐。健全新基建催生的典型应用场景的数据安全管理制度与标准规范,建立典型场景数据安全风险动态评估评测机制。明确新基建环境下数据安全基线要求,数据有序流通和安全保障并重,加大对数据跨境的监管力度。

新基建为我国数字经济注入了新动能,助力数字经济高质量发展。网络安全和数据安全是数字经济发展的前提,数字经济发展是安全的保障,新型基础设施的网络安全、数据安全与数字经济发展要协调一致、齐头并进，以安全保发展，以发展促安全。

# 第三篇 新基建是应对新冠疫情挑战的现实之需

新冠疫情（简称疫情）的发生给经济社会按下了"暂缓键"，经济发展和人民生活受到极大挑战，经济下行压力加大。政府部门积极采取对冲措施，加大新基建投资力度，经济发展已经逐步回到正轨。新基建是应对疫情冲击的"利器"。

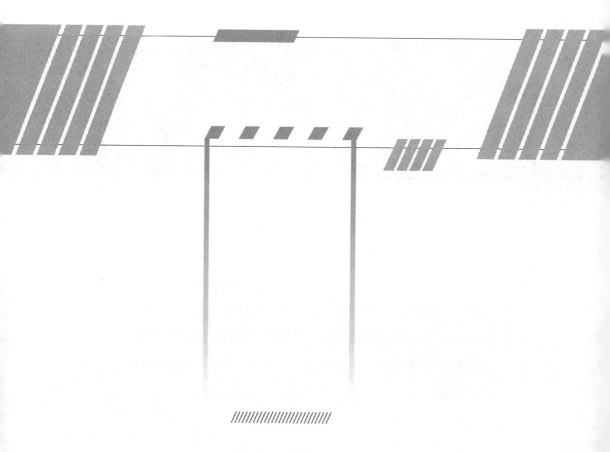

# 第 10 章
# 新冠疫情对全球经济的影响

本文成稿于 2020 年 3 月，作者：腾讯研究院，内容有调整。

新冠疫情（简称疫情）正在深刻地改变着世界。腾讯研究院认为，在疫情影响下，宏观经济、产业格局、政府治理、国际关系呈现出若干新变化。

## 一、宏观经济

### （一）全球经济陷入明显衰退，各国难以完全遏制经济颓势

首先，2020 年全球绝大部分国家的经济可能出现负增长，疫情很可能引发全球经济的明显衰退。这已成为主流经济学家的共识。未来全球经济增长的走向主要依赖于两个因素：疫情的发展情况，以及各国政府抗疫和刺激经济的政策力度。然而，一些国家民粹主义思潮汹涌，地缘政治风险上升，全球合作的难度和不确定性增加，这对于全球疫情防控很不利。

其次，各国刺激经济的政策空间有限，难以遏制经济衰退的趋势。刺激经济需要的宏观经济政策主要包括财政政策、货币政策和结构改革等政策。一些主要发达国家央行的资产负债表自 2008 年金融危机以来增长了三倍以上，

政府债务平均上升了50%。新兴经济体国家和发展中国家的政府债务也增加了约30%，财政政策空间有限。发达国家的利率水平已经接近于零甚至可能出现负利率，没有降利率空间。仅靠结构改革政策难以快速改变经济颓势。

最后，全球金融风险爆发的风险正在逐渐累积，已经逼近临界点。当前，全球金融风险主要集中在主权债务和企业债务这两个"薄弱点"上。这两个薄弱点会不会被突破，是判断未来是否会发生全球金融危机的重要依据。

## （二）中国经济实现既定增长目标的压力很大，数字经济及时补位有助于增强经济韧性

一方面，中国经济实现既定增长目标的压力很大。中国经济不仅在国内受到需求和供给两个方面的冲击，而且作为世界第二大经济体和最大出口国，还面临全球生产体系部分停摆、出口受到严重影响、产业链和供应链流转失序、主要经济体之间负反馈循环、疫情输入压力持续加大等外部风险。新冠疫情发生前，经济学界预估2020年中国经济增速不低于5.6%，可以实现国内生产总值比2010年翻一番，目前来看实现这一目标实际上有困难。

2020年前两个月抗击疫情期间，我国规模以上工业增加值同比下降13.5%，全国服务业生产指数同比下降13%，货物进出口总额同比下降9.6%，全国城镇调查失业率攀升至6.2%（2008年金融危机时为4.2%）。[1] 目前，疫情防控策略重点是外防输入、内防反弹，不确定性很大。经济学界乐观的估计是，2020年中国经济能实现3%～4%

[1] 源自国家统计局2020年3月初公布的数据。

的增长；而悲观者则担心会出现负增长。

另一方面，数字经济及时补位有助于增强国民经济的韧性。2020年1—2月份数据显示，全国规模以上工业企业增加值同比下降13.5%，而智能手表和智能手环则分别逆势增长119.7%和45.15%；社会消费品零售总额同比下降20.5%，而实物商品网上零售额则同比增长3.0%。由此可见，互联网科技应用在抗疫情、稳经济中充分体现了稳定器的作用，通过推进新基建和发展数字经济新动能来增强国民经济韧性成为社会共识和发展方向。

## 二、产业格局

### （一）生产秩序遭到破坏，工业数字化转型箭在弦上

新冠疫情在短期内明显地冲击了国内生产秩序。当时，企业复工时间推迟、外地返工人员面临隔离期、复产工人急需口罩等防护用品，对制造业的用工、库存、生产、运输、订单等都产生了冲击，制造业供应链运行放缓。2020年2月中国制造业采购经理指数（PMI）创有记录以来的低值。工业智能技术在疫情中的需求凸显，人工智能在物资生产及调配中展现出快速反应能力；机器视觉可以在检测环节代替人力；基于知识图谱的解决方案可以通过与感知计算及相关的决策分析系统打通，形成完整的智能服务平台。工业智能按下发展的"加速键"。通过技术代替人力繁复的工作、数据协同优化、信息化和数字化建设、平台化建

设四方面来推动工业数字化、智能化转型,在设计、生产、供应链和协同等各个环节加强智能化决策。人机协同和智能化的危机应对将成为行业标配,使制造业更具"韧性"。

## (二)居民消费受较大影响,倒逼"宅经济"新业态崛起

疫情对居民日常消费也产生较大影响:影视消费大幅下降;酒店住宿和餐饮消费降幅较大,数据显示,疫情期间全国93%的餐饮企业都选择关闭门店,航空和客运等交通支出降幅明显。在线下消费遭遇"冰点"的时候,生鲜电商却出奇火爆,非接触服务消费迅速推广。疫情倒逼"云蹦迪""云演出"等逆向O2O[2]新兴业态发展。"宅"不再仅仅表现为一种生活状态,它为生产者、消费者、供应商和服务商等多方之间构建了离散的、非接触的宅经济形式。过去,消费多是围绕着商场、卖场、剧场、会场等各种场所,其特征是依赖中心化的"流量入口",受制于地段、资源、时间等多重因素。疫情严重之时,无接触配送、社区销售、无人零售等模式频出,公众消费和娱乐向就近化、网络化和精准化方向发展,为消费和文娱领域带来更多长尾的发展机遇。

## (三)数字文化产业短期机遇凸显,长期影响仍待观察

第一,疫情凸显互联网和文化产业融合发展的潜力,但受线下聚众限制,对数字内容平台的产能供给、商业变现带来压力。随着疫情抗击常态化,一旦中小微生态伙伴

[2] O2O(Online to Offline)是指线上营销、线上购买带动线下经营和线下消费模式。逆向O2O则是"线下消费转移至线上完成"。

出现难以为继的情况，就易造成产业上下游企业的关联风险。第二，疫情加速线下机构供给侧转型，同时，各种跨界平台的发展迎来了窗口期。长期来看，会影响到数字内容平台对待这些线上增量内容、创新模式、前沿技术的态度和策略，及其与传统线下产业的关系，或洗牌行业格局。第三，疫情加速数字内容平台从"娱乐"向"价值"升级，社会效应"提质增效"。主流媒体和政务媒体的话语权引入，文化和责任等话题引导，知识性、功能性内容生态化孕育，将成为行业长久发展的高维竞争力。

### （四）"远程"成为常态，线上需求刺激配套产业发展

疫情加速了大众对线上模式的接受与适应程度。远程办公成为疫情期间较为普遍的办公形式之一。传统商务活动中的销售、合约签订、客户服务等关键环节也开始积极探索线上形式。对于数字化程度高的行业来说，当前的协同办公技术已经相对成熟，可以满足大部分企业的线上办公需求，为企业降本增效。商业领域各个环节的数字化打通了多维度的高效连接，对企业来说是用更先进的生产工具和生产理念打磨团队的契机，也为未来社会更大规模协作打下基础。线上教育、线上医疗等关乎民生的行业领域的发展，使知识、技能突破了物理空间限制，既是疫情期间的应急手段，也是打破教育资源、医疗资源不均衡问题的重要方式。

## 三、政府治理

### （一）"有能政府"在公共危机应对中获得更多认同

面对大规模暴发、尚未掌握有效应对手段的疫情，各国人民都期待政府有所作为，有效调配资源、维护社会秩序、提供公共服务。中国、日本、韩国、新加坡等国政府高效组织疫情应对，取得了显著成效。但少数发达国家对新冠疫情判断失误、处置失当、防护延误，造成疫情扩散，民众损失很大，经济下滑明显。一些穷困国家凭现有资源难以支持应对新冠疫情的复杂情况，状态危困，经济状况更是雪上加霜。面对新冠疫情，各个国家的应对和处置方式不同，相应的做法和细节也存在着不同的观点和评论，但"有能政府"符合本国人民和国际社会普遍期待，也得到更多认可。

### （二）警惕部分短期应对措施长期化

面对突如其来的重大疫情，各国政府会出台紧急措施应对。然而在疫情消除后，有些应急措施仍然在社会生活中发挥作用，特殊时期的管理思维惯性也往往在制度建设中持续产生影响。因而，针对疫情期间采取的各项措施，国内外多位学者开始担忧，各国政府出台应急措施应对，并不会在疫情结束后立即终止这些措施，也担心特殊时期的管理思维惯性持续影响常规制度，产生负面作用。短期看，需要及时结合疫情发展情况，对短期措施的合法性、正当性进行全面评估，适时调整。长期看，还需依靠法治建设规范特殊时期治理措施的启动和退出标准、实施流程。

### （三）疫情下"隐私"和"公共健康"的平衡存在共识、差异和挑战

战胜疫情和流行性疾病是所有国家的共同目标，但具体措施上仍存在价值取向上的差异。东亚国家似乎更接受集体主义，倾向于将重心放在公共利益上，允许使用"涉及个人隐私性数据"的数字化技术，例如个人位置定位和行迹追踪。而欧盟对数字技术应用更趋向谨慎，强调数据匿名化。欧盟各国数据保护机构也强调，GDPR[3]以及其他法律确定的隐私保护原则仍然需要被遵守。

新冠疫情中，在线教育、远程医疗快速发展，对未成年人、医疗等敏感个人数据保护也带来了挑战。此外，在疫情紧急状态下，人们越来越依赖数字工具监测疾病传播，在危机消退之后，也应关注各国如何从这些应急性管理措施中退出。

> [3] GDPR 指欧盟议会于 2016 年 4 月通过、2018 年 5 月开始实施的《通用数据保护条例》（General Data Protection Regulations）。该条例的适用范围广泛，限制具体、约束严格。具体内容可参阅本丛书中《数据要素——数据治理：数据政策发展与趋势》一书中的详细介绍。
>
> ——编辑注

### （四）健康码有效助力公共管理，但有待完善

"健康码"大有可为。一是可发展为撬动智慧医疗服务的智能健康码，进而扩展为撬动智慧城市各项服务的"智能城市码"。二是伴随国家应急采购市场化改革，健康码可被纳入"应急数字化工具箱"。三是通过开展健康码互认，推进政府数据互信和共享。四是可回应国际关切，进一步完善健康码产品，尝试进行国际分享和推广。

应当看到，国际社会也对健康码抗疫提出过建议，

包括合法谨慎收集个人数据，算法透明，给予公众救济渠道，疫情结束后适时终止等。此外，据CNNIC统计，截至2019年6月，我国网民规模达8.54亿，互联网普及率达61.2%[4]。数据化闭环时代的"余数"——即无法享受数字化红利的群体，其实体信息如何在健康码中体现，都是亟待解决的重要议题。

[4] 数据来源：中国互联网络信息中心（CNNIC）2019年8月发布的第44次《中国互联网络发展状况统计报告》。

## 四、国际关系

### （一）疫情对国际关系的短中期影响已经显现

第一，中国大国地位彰显。此次疫情，充分展现中国重大危机应对和举国动员的能力以及大国担当，中国国际威望提升。第二，中美关系的前景变化尚不明朗。新冠疫情在美国大规模蔓延后，美国经济受到疫情严重影响，经济大幅下滑已成事实，短期内难以快速恢复。第三，美欧关系再受打击。美单方面停飞欧美航线，又试图"单独控制"德国疫苗企业，美欧互信降至新低。第四，中欧关系有望继续深化。疫情期间，中欧双方相互支持。欧洲几个发达国家虽对中国在欧影响力继续扩大有所担忧，但总体上仍对中方的帮助给予肯定。第五，中国和日本、韩国关系有所改善。民间友好状态回暖，为中国下一阶段的周边关系奠定重要基础。

### （二）新冠疫情影响国际格局和世界经济形势

中美关系重要且敏感，对国际政治和世界经济秩序有着重要影响,也会直接影响到世界经济的走向。新冠疫情在全球蔓延,既影响到各国的经济发展,也影响到国际关系和国际格局。如果国际上新冠疫情能够较快得到控制或疫情趋缓,中美关系可能有所缓和,这会有利于世界经济的恢复。新兴国家和发展中国家愿意与中国的加强合作。中欧关系也会呈互补、互助的状态,分歧存在,但合作是主要趋势。世界新冠疫情缓和有助于世界的经济形势的缓慢转好,但合作模式,经济格局将会发生变化。如果国际上新冠疫情加重或进一步蔓延,将会引发更多的国际政治、经济问题,造成经济进一步下滑,这也是中国和世界各国都不希望发生并会极力阻止和防范的。

## (三)全球化出现"大停滞",模式转换加速

本次新冠疫情发生,其影响将与大国间竞争和新兴技术因素叠加,加速全球化模式的转变。短期内,全球化面临"大停滞"。世界各国内部的"社会疏离"(Social Distancing)演化为"国际疏离"(International Distancing),全球人流、物流大范围暂停,全球化进程出现"急刹车"和"大停滞"。中长期看,全球化模式加快转换。第一,欧美大国将更加"内倾",强化关键物资供应链独立性和生产活动回归。第二,在欧美"内倾"背景下,新兴国家和发展中国家的市场地位上升,跨国公司相关布局会加强。第三,新技术显著改变各国比较优势结构,各国会加速技术投入,全球竞争力格局可能重塑。总体看,全球生产链更加趋于"地区集群化",同时形成以中美欧三大消费市场的"局部串联,总体并联"的"铰合结构"。

# 第 11 章
## 疫情将如何重塑数字经济新范式？

原文题目：《疫情将如何重塑数字经济新范式？｜企鹅经济学》，作者陈维宣、吴绪亮，发表于腾讯研究院微信公众号（2020年4月16日），有微调。

新冠疫情（简称疫情）不仅对中国经济造成严重冲击，而且正在世界范围内扩散蔓延。观察中国数字经济在疫情冲击过后所发生的趋势变化也会对其他国家有所裨益。那么，疫情将如何塑造中国数字经济新范式？我们从宏观经济结构、生产方式、消费模式、管理范式这四个方面加以考察。

### 一、从宏观经济结构来看，更加有韧性的国民经济将成为发展方向

国家统计局公布的 2020 年前两个月的数据显示，全国规模以上工业增加值同比下降 13.5%，而智能手表和智能手环则分别逆势增长 119.7% 和 45.15%；服务业生产指数同比下降 13.0%，而信息传输、软件和信息技术服务业则实现增长 3.8%；社会消费品零售总额同比下降 20.5%，而实物商品网上零售额则同比增长 3.0%。

从这一系列对照数据可以发现，以数字经济为代表的新动能在对冲不确定性时，比传统产业的旧动能展现出更大的发展潜力，数字技术提升国民经济柔韧性的能力得到

充分体现。

因此，疫情已经为新一轮科技和产业变革的浪潮按下"快进键"。为经济系统注入更强的柔韧性，充分发挥数字经济作为宏观经济稳定器、缓冲器和加速器的作用，让国民经济在面临冲击时能够更有韧性地调整生产、分配和消费，已经成为下一步经济发展的共识和方向。为此，需要进一步加快 5G 部署和人工智能等新型基础设施建设，加快数字经济和产业互联网发展，加速推动传统产业的数字化、网络化、智能化转型和新旧动能转换。

## 二、从生产方式来看，更加有弹性的云上制造和开放共享将成为优选模式

此次疫情冲击对企业而言是一次"稳定性测试"。在这次预期之外的"测试"中，很多企业发现，传统的生产方式难以敏捷应对产业链和供应链的急剧变化。因此，企业必将会加速寻求生产方式的变革与突破，增强在面临不确定性时的弹性，以维持企业生存并获取持久的市场竞争优势。通过在疫情期间对企业的调研发现，数字化程度越高的企业受疫情冲击的影响越小，数字化转型成为企业应对外部不确定性的关键策略。

数字技术的广泛与深度应用将进一步加速。疫情期间，企业对人工智能、大数据、云计算等数字技术的可用性、易用性和有用性有了更加全面和深刻的认知，破除了技术认知障碍。一是企业将在商业竞争中加速采用人工智能与

大数据等智能分析工具,根据先行指标精准预测行业变化和市场动向,以此作为生产与库存管理的决策依据。二是进一步加快对传统生产设备的数字化、网络化、智能化改造,更大规模地引入智能生产线,更加敏捷地满足市场需求的弹性变化。三是企业上云速度进一步加快,通过云上迁移更加灵活地进行成本结构调整,降低可变成本与固定成本支出。

共享制造将成为应对不确定性的新型生产方式。共享制造是一种围绕生产制造各环节,将分散、闲置的生产能力集聚起来,在需求方之间进行弹性匹配和动态共享的新型生产方式,在本质上是利用数字技术增强经济活动柔韧性的表现。

一方面,共享制造平台成为促进共享制造模式发展的关键环节,逐渐打破企业边界,推动生产组织方式向网络化组织和平台型经济发展。另一方面,共享制造不仅推动了技术和资本投入方式的演变,同时还改变了企业的劳动投入方式,使共享用工成为企业用工方式的发展趋势。

竞争模式从企业间竞争转向生态体系间竞争。一是上下游企业加速构建协同共生的数字生态共同体,不同领域的企业根据自身的禀赋优势,以网络化的形式融入整个产业集群和数字生态共同体中,扩大共同体中企业间的协同效应,增强企业的竞争优势。二是中小微企业推动细分领域内竞争格局的加剧分化。根据国家统计局第四次全国经济普查数据,截至 2018 年年底,中国的中小微企业占全部企业的 99.8%,贡献了全国所有企业全年营业收入的

68.2%[5]。中小微企业加速融入数字生态共同体,将促使细分领域解决方案的蓬勃发展,同时也会加剧竞争格局的分化。

[5] 数据来源:2018年11月27日,国家统计局发布的《第四次全国经济普查报告》。

## 三、从消费模式来看,线上新型消费将呈现三大趋势性变化

疫情期间大量消费行为从线下转到线上,促进了消费领域的商业模式变革,加速推动了数字消费新业态、新模式的兴起。数字消费新业态的内容可以从两个方面来认识:一方面是电子商务等相对成熟业态中新模式的爆发,包括网络社区团购、智能物流配送、生鲜电商等;另一方面是仍处于成长期的新模式加速崛起,诸如在线教育、互联网医疗、云娱乐、云旅游等。

数字消费的兴起符合一般的经济学逻辑:

其一,消费者在疫情期间增强了对新业态、新模式、新应用的沉浸体验,对网站、应用的偏好和黏性得到增强。

其二,疫情迫使消费者主动完成"消费者教育"。通过一段较长时间的集中学习行为,消费者掌握的操作技能成为存量技能,打破了新业态、新模式、新应用进行市场推广的"成本高墙",用户渗透率得到系统性提高。

其三,数字消费与传统消费并非完全的替代关系,而且数字消费通过进一步挖掘消费者的潜在需求,能够进一步扩大需求市场,并对传统消费产生带动作用。

目前来看，数字消费的发展将至少呈现出三个趋势性变化：

一是线下中小微企业的市场退出行为增加，大型企业加速进行线下业务整合，市场集中度将在一定程度上提升，产业组织结构得到优化。

二是用户进一步养成在线消费习惯，成熟期的数字经济业态规模将会持续扩张，成长期的数字经济新业态将会加速多点爆发。

三是线上线下加速融合是经济发展的长期趋势，线下企业并不会完全被颠覆，提供个性化、差异化和高质量的服务将成为重要的竞争策略。

## 四、从管理范式来看，全流程都将出现不同程度的线上转移趋势

由于复工复产遇到一些困难，大部分企业意识到传统的线下管理方式在抗击风险中的缺陷，开始推进线上远程管理，推动了数字经济时代的管理范式变革。企业经营管理全流程、全价值链环节都出现不同程度地向线上转移的趋势，尤其是远程办公和线上签约（电子合同）出现爆发式发展，供应商远程管理和客户远程管理也得到一定程度的进步。

虽然远程管理在疫情期间迅速崛起并发挥重要作用，但是一些行业观察者担心，远程管理只是在特殊时期对现

场管理无法发挥正常功能的替代行为。随着在后疫情时代复工复产的陆续开展，以及现场管理重新回归支配地位，远程管理将会迅速式微。这样的分析不无道理，但进一步细细分析，却不尽然。

企业管理范式的核心理论是科斯[6]的企业与市场理论。根据这一理论，企业之所以存在，就是因为能够在企业内部通过行政指令的方式，降低利用市场进行资源配置的交易成本，提高资源的配置效率。远程办公的本质就是降低企业的交易成本，在企业内部，通过远程办公等方式优化内部管理机制；在企业外部，通过线上签约（电子合同）等方式加强与市场的互动；更进一步地，企业可以通过远程管理加强跨区域协作，而不必支付高昂的交易成本。

因此，现场管理在未来较长一段时期内仍然居于主导地位，但随着企业数字化水平的提高和远程管理水平的加强，远程管理在企业管理中所占的比重会加速提升，作为现场管理的有效补充，共同推动企业管理效率的提升。企业将通过利用数字技术对各类冲击事件进行预测和情景模拟，加快制定可提高其敏捷应对危机的远程管理方案。

此外，企业管理范式的变革还将会扩大对远程管理平台和软件的需求，推动远程管理行业的爆发式增长。企业将会探索更多管理业务的数字化转型，从而推动管理业务的云上迁移，促进经营数据和管理数据的云上融合。

值得注意的是，共享制造、数字消费、远程管理等数字经济新业态、新模式是数字时代新兴事物，难免会与在

[6] 罗纳德·斯科（Ronald Coase），美国经济学家、管理学家，诺贝尔经济学奖获得者，新制度经济学的创始人，他创建的"交易成本理论"影响深远。

工业时代建立起来的、与工业经济相契合的监管制度产生矛盾或摩擦。随着数字技术逐渐扩散到各个传统部门,必将面临多个部门的共同监管。

因此,需要重视对数字经济新范式发展趋势的研判,强化对数字经济的增长效应、就业效应、外部效应等的研究。要坚持包容审慎的监管原则,明确政府各监管部门对数字经济的监管空间与监管边界,明确监管标准,开放监管程序,提高监管透明度,增加对被监管者意见的回应度,加强监管成本与收益的权衡,进一步提高监管效率,鼓励新业态、新模式的跨越式发展。

# 第三篇　新基建是应对新冠疫情挑战的现实之需

## 第 12 章
## 新冠疫情下的"新基建"力量大爆发

原文题目：《疫情下的"新基建"力量大爆发》，作者吴杨盈荟，原文发表于《互联网经济》（2020 年第 3 期），有修改。

一颗排球大小的金属圆球从沙漠中的拜科努尔升空——这里是苏联的航天城。

金属圆球冲破地球的大气层，来到近地轨道，以每小时 1.8 万英里的速度开始围绕地球旋转。

1957 年 10 月 4 日，苏联率先成功发射人造地球卫星进入太空。卫星取名为 Sputnik，俄语中意为"旅伴"。这让当时的美国感受到了威胁。

由于恐惧苏联将卫星技术潜在用于军事用途，美国组建了美国国防部高级研究计划局（ARPA）。他们担心美国仅有的一个集中式军事指挥中心一旦被战争摧毁，全国的军事指挥将处于瘫痪状态，后果不堪设想，有必要设计一个分散式的指挥系统。因此，美国国防部委托 ARPA 进行分布式联网研究。

1969 年 9 月 2 日，加州大学洛杉矶分校实验室里，约 20 名研究人员完成了两台计算机之间的数据传输试验——阿帕网（ARPANET）。它即是国际互联网的雏形，这一天亦成为互联网的"诞生日"。

"冷战"对抗中，美国为了保证自己在美苏对抗中的优势,研发了互联网,未料想却为人类打开了一扇全新的网络大门。

半个世纪后,另一场因对抗催生科技飞跃的故事,在我们的时代再次重演——这一次是人与新冠疫情的对抗,最先被迫与疫情对抗的是中国。

新冠疫情对中国科技升级和产业升级的影响,情形也许像是"人类与自然灾难搏斗的电影"——人们在与不可抗力剧烈对抗下,激发出创新的巨大潜力,带来科技产业的飞跃式进步,进而重塑人们的生活。一轮新型科技产业加速涌现,过程堪比生物演化过程中的"寒武纪大爆发"。

2020年开年,新冠疫情突然暴发,对社会各行业都产生了巨大的影响。餐饮行业遭受冲击,损失高达5000亿元;疫情初期,全国多地旅游景点关闭,全年旅游业损失将近1.8万亿;中国汽车市场下滑幅度将近30%。此外、奢侈品、电影院、家具、家电等大量行业都被波及。

与此同时,另一些行业却逆流而上,它们均与数字世界相关。人们在微信和QQ上获取信息、关心家人,移动社交APP月人均使用时长上涨15%以上。疫情期间无法出门,春节Apple Store畅销榜TOP10游戏流量同比增长40%。此外,生鲜电商、在线教育、在线医疗等行业也都迎来了爆发式增长。

我们每个人的日常生活,都深刻受到这场疫情的影响。这些生活场景被迫重塑背后,是数字技术在广度、深度上的一次跨越。在这个过程中,疫情无意中扮演了"鲶鱼"

和加速器的角色，产业互联网，则成了让企业快速奔跑的"荷尔蒙"、发动机，展示了这轮"新基建"中的5G、工业互联网、大数据、人工智能等板块的巨大潜力。

每一轮技术变革周期里，良好的基础设施建设和配套，都会加速产业红利的释放，带来新产业的爆发式增长。在这轮与新冠疫情激烈对抗的过程中，产业互联网向各个领域的纵深发展，成了各界观察"新基建"爆发的一个样本。

多年后回望，或许我们会这样记录这个时代：2020年初，还沉浸在疫情悲伤中的人可能没有想到，我们正在亲历中国科技与产业跨越式升级，目睹"新基建"与产业互联网的大爆发。

## 一、智能大爆发：从"死"到"活"

量变带来质变。寒武纪物种大爆发带来了生物进化的跃进，疫情防控催生的数据连接则让产业互联网的智能再进快行线。

"新基建"推动的数字基础建设中，智能大爆发是让产业互联网在社会进步中发挥作用的关键一环。云计算、大数据、物联网等科技并不新鲜，数年前就已有第一批吃螃蟹的企业在推广应用。但节点之间没有连接、尚未打通，无法发挥更大用处。

智能从"死"到"活"的关键是，系统不仅能打通数据，更能有能力做出决策。其中两个必要条件缺一不可：第一，从个体到群体数据全面打通。第二，系统建立大脑神经中枢，综合分析多源头数据进行决策。新冠疫情带来的全民动员能力让这两个必要条件迅速成为现实。产业互联网爆发，让这些曾经"死"过的节点相互连接、打通，涌现出智能，进而"活"了起来。

2月15日，新冠疫情期的"重灾区"湖北省宜昌市实现了"新增确诊病例""新增疑似病例""直接确诊病例"的"三下降"。这一抗疫成绩，跟该市与腾讯合作搭建的基于微信的电子健康卡平台和疫情服务平台密不可分。宜昌市居民每人拥有一张电子健康卡。2月7日，宜昌市发出通知，使用"宜健通"小程序开展全民体温监测，实现全民体温上报，健康数据因此得以串联起来并汇集防疫指挥办公室。截至2月20日，全国已经有将近22个省份，近60个省级、市级卫健委接入腾讯新冠疫情服务平台，使用腾讯提供的一系列产品帮助抗疫。

对于企业，甚至整个互联网行业，疫情都是一次"洗牌"过程，考验企业技术在特定的环境下对社会有没有真正价值，能不能满足社会的需要。互联网提供的海量信息已经无法真正满足人们的需要，更重要的是使用AI算法建立大脑中枢，通过多维度数据联动帮助人们作出有价值的决策判断。

早期因试剂盒数量和诊断、诊断设备不足，影响新冠病毒感染者迅速检验、尽早诊断、尽早治疗。随着CT影像被纳入诊断标准，腾讯第一时间使用觅影AI辅助诊断技术，与生产移动CT设备的厂商合作落地湖北最大的方舱医院，助力一线抗疫。病患人数多、情况紧急、病状多样，给影像科医生带来巨大工作量。AI 辅助诊断新冠肺炎解决方案，可以在患者 CT 检查后几秒完成 AI 判定，并在 1 分钟内为医生提供辅助诊断参考。

防疫催生数据连接大爆发，使产业互联网再次体现出强大的活力。活力的核心不是在数据上，而是要将多维度数据联接、判断、分析，最终为管理者（或主管部门）提供决策参考数据。只有能满足这些要求的企业，才能在这轮洗牌期中占据有利位置。

## 二、资源共享：从峰值配置到弹性配置

过去三十年，中国经济一路高歌猛进，企业配置最大化创造了收益最大化。目前，中国经济已经进入发展新阶段，但还有很多企业沉浸在过去的"峰值配置"模式里。新冠疫情让人们发现，"峰值配置"带来的冗余成本加重了企业负担，弹性配置才能带来更大生存机会。在危机时期，企业能否灵活实现弹性配置就是生与死的差距。

"新基建"的一项重要内涵就是产业的数字化转型。疫情期间，产业互联网帮助传统企业共享连接云计算、人力等稀缺资源，帮助传统企业解决数字化应急能力欠缺、远程协同机制不成熟、资金链紧张等痛点问题，从而顺利度过危机。

新东方在 17 年间遭遇过两次全球性疫情冲击。2003年非典突袭，新东方退费的用户从北京总部 4 楼办公室一

直排队到了 1 楼。回忆起彼时情景,新东方创始人俞敏洪仍觉得后怕,当时"吓破了胆,找朋友借了 1000 多万元之后,才度过危机。"

17 年后再遇新冠疫情,新东方再遇危机:大量面授课程停摆,万余名老师、员工散落各地,还有数以百万计的在读学生的学习需求无法满足。更紧迫的是,高三毕业班学生即将开课。在不到一周的时间内,新东方需要将全国 87 所分校和子公司近 200 万人次学生,全部转移至线上直播教学。

新东方全国每天产生 30 ~ 40 万节课程的量,直播课结束之后,学生还要回放复习,这需要大量存储与带宽资源。由于总用户数量巨大,即使只是一小部分用户,也涉及将近十万师生。新东方 2019 年开始搭建的新东方云教室系统被推到了最前线,但这是这套系统才搭建不到一年,最高承载量只能支持数万人并发访问。

这一次,新东方借的不是资金,而是"借了"来自腾讯云的 2000 多台服务器,以及背后课程存储、直播 CDN 服务。不断扩容、扩容、再扩容,只为跨过生死关。在腾讯云的协助下,新东方数百万师生被连接到了显示屏幕之上。"依靠我们自己的力量不可能实现。"新东方集团基础运维团队负责人王威说。

云是一个标准的弹性配置需求场景。企业不上云,只能自己建设服务器。要么按"峰值配置",造成平时大量服务器闲置;要么按日常配置,承受突发高峰服务器"崩溃"

## 第三篇　新基建是应对新冠疫情挑战的现实之需

风险。通过使用云，企业不需要按峰值自建过多集成设施，只需按弹性需求灵活租赁，进而节省大量资金成本。

此外，企业的人力使用也正在被疫情重塑——从线下到岗到在线办公，从"全员聘用"到"人力外包"和员工共享。未来企业将不再需要按峰值配备人力，人力资源可作为变动成本灵活配置。

从过去企业要求全员必须到公司上班，以此确保员工工作效率。疫情期间，员工无法进入公司上班，企业必须尝试使用在线办公软件以维持正常运转。让不少企业意外的是，办公效率反而因此提升。仅在春节后一周，全国效率办公软件领域的日均活跃用户规模就增长近4000万。2月3日节后第一天上班，全国有数百万家企业使用"企业微信"在线办公，数千万用户使用"腾讯会议"开展线上会谈。

疫情让餐饮旅游业"停摆"，却让电商物流等业务更为繁忙。目前，包括京东、联想等在内的不少公司都在尝试"共享员工"模式，和餐饮、旅游等企业展开跨行业互助。如京东物流向全国开放包括仓储员、快递员、驾驶员等在内的超过2万个岗位，已有十余家企业输送700余名员工在京东参与工作。

受疫情影响，今年我国GDP可能会出现波动，从单边向上变成波动性曲线。企业的稳健发展与抗压能力更为重要，更可能存活的是那些长期保持低成本控制、高续费率商业模式的公司。

在此情况下，资源共享即是生存保障。借助产业互联网，企业彼此之间把资源打通、共享互利，应对寒冬的能力会变得更强，企业会变得更加强壮。

### 三、超级链接：从孤岛到生态

新冠疫情将我们隔离在口罩背后，缺少社会连接的个人会变成一座孤岛。但社会不会因此停下前进的脚步。只要连接仍在，社会车轮就能继续滚滚向前。

作为"新基建"的核心平台，产业互联网让数字化能力在社会各领域铺开，极大提高社会运行效率与人们生活体验。人们使用微信小程序可以访问国务院的信息发布窗口；用户不出门就可通过小程序在线问诊三甲医院医生；武汉90万中小学生同一时间空中开课……这曾是不可想象的巨大工程，但在防疫助推下，产业互联网的超级链接能力已将其一一实现。

相比SARS时期，在抗击新冠疫情过程中，从中央到地方的各级政府使用产业互联网与企业、医院、居民建立起多层次连接，通过跨部门、跨行业的数据共享与智能算法分析，成功实现人群迁移的数据统计和关联预警。在信息及时透明的环境下，政府联合人们阻拦病毒传染的操作更精准，追击得更高效，城市日常秩序更快地恢复正常。

腾讯联合国家政务服务平台共同推出"防疫健康码"，用户可以一键查看本人的防疫健康信息，出入小区或办公

## 第三篇　新基建是应对新冠疫情挑战的现实之需

楼时，检查人员可以轻松核对健康信息。2月9日，深圳在国内最先上线了健康码，随后健康码迅速在全国铺开，广东、四川、云南、贵州、上海纷纷上线。截至3月17日，腾讯防疫健康码累计"亮码"超过25亿人次，覆盖9亿人口，累计访问量80亿。

广州"穗康"是首次亮相的防疫小程序。因为实现口罩预约功能而爆红，"穗康"上线当天访问量突破了1.7亿。上线后，意识到线下排队领取口罩有聚集风险，腾讯配合广州市政府连夜修改程序，口罩开始免费快递上门。在武汉，"武汉战疫"小程序动态更新医院床位数量的功能。

防疫小程序在全国范围迅速落地。北京、广州、深圳……全国范围已上线超过50款疫情服务相关小程序。国务院客户端小程序"疫情防控知识指南专区"已有超过3600万名用户。国家政务服务平台累计访问量超过3.9亿次，注册人数超过880万。[7]

同时，产业互联网能够打通疫情服务的线下"最后一公里"，把线上和线下服务很好地连接融合在一起。疫情期间，腾讯医疗快速搭建免费问诊平台，帮助前线医院分流患者密集就诊压力，让更多的人能在医疗资源紧缺的情况下获得医疗服务。

一方面，腾讯医疗把具备互联网医院资质的医院通过电子健康卡连接到服务平台上来，让患者使用自查小工具发现自己有问题时，通过在线问诊找到熟悉的医院和医生，提供更好的就诊体验。另一方面，对于没有互联网医

[7] 所列数字为文章写作时的统计结果，随着全国复产复工查码、亮码的次数数倍于此，"亮码"已经变成居民乘坐公共交通工具、员工进入工作场所或进出公共活动场所的基本信息证明。会议工具、沟通工具、线上教学软件等等也逐渐成为疫情过后人们工作、学习、生活必备工具。

院资质的医院，腾讯提供 SaaS 服务，联合服务商给它们提供类似在线问诊的云平台，以这种方式快速帮助暂时没有互联网医院能力的医生，让他们快速到线上去帮忙做线上问诊。

产业互联网不仅在疫情期间发挥奇效，还为后期的疫情防控做好了预防模型，将改变突击式、运动式的事后防控。根据大数据技术，智慧医疗、智慧政务系统可以更早地启动预警，根据数据精准控制传染源、切断传播途径，控制疫情的扩散。

教育模式也在这场疫情中得到重塑。上亿师生连接到同一块屏幕，"空中开课"让上课的环境从线下教室转移到了线上直播间。场地变换之外，对于学生、老师而言，上课方式、互动反馈都发生了变化。

武汉市本次新冠疫情严重，学生和家长长期居家防护，在线教学任务也最紧迫。2 月 10 日起，武汉全城分为 13 个区 12 个年级，每天上午 4 节课直播上课，总体在线学生数 90 万人。武汉跟其他省市的区别是，要按教学进度学习新课程。这就要求在线课堂系统不仅适合在线上课，还要适合老师进行班级个性化辅导。借助腾讯课堂为疫情定制的"老师极速版"，武汉的老师们能做到快速开课，搭建专属课堂。武汉市 90 万中小学生中，绝大部分选择了腾讯直播工具线上学习。

技术不区分肤色、国界、贫富，能真正普惠到每一个人。产业互联网加速了各行各业、各个层级的连接——区域的层级、生活和文化的层级、习惯的层级。腾讯"C2B"的优势正在此刻得以体现，把所有可连接的力量通过产业互联网连接起来，把科技的公平、赋能和对社会的价值传递下去。

## 四、未来：从互联网到产业互联网

2000年左右，第一波互联网浪潮从峰顶跌入谷底。马云被迫大规模撤站裁员，将工号100以内的元老级员工裁掉一半；马化腾在为腾讯焦头烂额地寻找融资，努力熬过"创业以来最煎熬的时间"；李彦宏无法说服董事们让百度走到台前，气愤地摔了手机，扬言要关闭公司；丁磊甚至被董事会罢免，失去了董事会主席和首席执行官（CEO）的双重头衔。纳斯达克科技股泡沫破灭之后，忧伤的人们看着自己账户的股票，无奈地思索着怎么逃离……

然而，在中国，这些当时看似微小的力量却在人们未留意之间悄悄地生长着，并借助信息技术——互联网——化蛹成蝶。这个互联网又给中国带来了巨大的社会变革，改变了社会的连接方式，最终也改变了中国人的生活状态。

马云、马化腾和李彦宏在互联网诞生时都试图在做同一件事情：连接。从阿里巴巴到淘宝，从QQ到微信，从搜索到推荐，都是在重塑连接——人与商品的连接、人与人的连接、人与信息的连接。如今，我们不用去超市就能买东西，不用打电话就能聊天，不用去图书馆就能查资料、看书籍、接收信息。

互联网带来的这些改变持续了 20 年。近三年，在这些改变的基础上，基于大数据、云计算、人工智能的产业互联网，让改变向纵深发展，让连接从人、商品、信息延展到了企业组织内部、政府服务等层面，在医疗、教育、办公、政务、制造等等领域，场景重塑和产业升级正悄然发生。

这种改变背后，既有已经诞生的、成熟的力量：互联网企业 20 年积累的产品力在集中释放，没有微信平台，无法用小程序连接各级政府和每个市民；没有地图数据积累和庞大的运算处理能力，无法做出监测我们身边每个小区的疫情地图；没有覆盖到个人的电子健康平台，无法实现每一个居民都上报体温……也有正在萌芽、等待爆发的新力量：包括 5G、大数据、工业互联网、人工智能在内的"新基建"，带来了巨大的想象空间，并抗击新冠疫情中，由产业互联网展示得淋漓尽致。

过去 20 年，宽带网络，搜索、社交、电商等基础应用，就如同互联网时代的基础设施建设，由此诞生了繁荣的内容产业、文创产业、一大批覆盖全国各县市的网络零售商、快递产业……互联网在中国创造超过 31 万亿元的巨大市场规模，占据国内生产总值的三分之一。全球著名的科技公司——微软、苹果、谷歌、腾讯、阿里巴巴、百度等等都诞生在这片科技之海。

未来 20 年，作为"新基建"的核心力量平台，产业互联网将助力各领域再造一个互联网。5G、大数据、人工智能、云计算和物联网等前沿技术将应用到医疗、教育、政务、办公等各个领域。我们每个人的生活，都将再次感受到翻天覆地的变化。

新冠疫情的冲击却给新基建按下了"加速键"，我们就站在历史的门口。

遥望前方，未来将至。

# 第 13 章
# 从分歧到共识：疫情下的 5G 发展思考

原文题目：《从分歧到共识：疫情下的 5G 发展思考》，作者李瑞龙、钱琪，发表于腾讯研究院微信公众号（2020 年 3 月 3 日），有修改。

新冠疫情（简称疫情）暴发以来，不少新技术正在各司所长帮助社会对抗疫情。刚刚商用不久的 5G 临危受命，在医疗、防控、教育、媒体等方面的应用受到了广泛关注。一方面可以说是成绩斐然，防疫一线处处有 5G 的身影，另一方面也还有一些遗憾，危难下才发现 5G 似乎来得有点晚。整体而言，这对于 5G 这项新一代通信技术而言，是一次难得的困难条件下"实兵演练"的机会。在疫情紧急状况下，大家更广泛、直观地感受与认识到了不一样的 5G，这对社会共识的形成、推进 5G 的长期发展，起到至关重要的作用。

## 一、疫情前：误解与分歧，长期停留在概念阶段

大部分人听过许多 5G 的概念与故事，但并不了解其潜在能力与价值。"把 5G 讲清楚"一直以来都是一件很困难的事情，大量的专业术语、通信原理甚至让许多业内人士都看得一知半解。而大部分人也一直在以一种线性思维来想象和理解 5G，认为其就是比 4G 更快的一款套餐。甚至还有"5G 无用论"的提出，认为 5G 并不是真实需求，

## 第三篇  新基建是应对新冠疫情挑战的现实之需

高成本并不能带来高回报。

可以说，质疑的声音断断续续地没有中断过，主要分为需求与成本两大类问题。在尽量避免涉及晦涩难懂的移动通信技术原理的前提下，简要、通俗地回应一下质疑或者说是困惑。

### 质疑一："5G 究竟是不是社会的真实需求"

有人认为："4G 已经够快了，不需要 5G。"事实上，移动通信技术的优越性并不是由频率来唯一决定的。除了频率带来的超宽带以外，在一系列核心通信协议的高效优化下，5G 还具有海量连接、高可靠、低时延等"硬核"能力。在未来，对于 5G 的通信需求，或只有两成来自消费端，另外八成主要来自生产端。换句话说，5G 最具革命性的意义或在于为各行各业提供统一、可靠、高效的生产网络，而不仅仅在于消费娱乐。

有人认为，5G 缺乏"杀手级应用"，"好看不实用"。事实上，"先修路再造车"是基础设施遵循的一般规律，大部分应用和需求往往是在基础条件成熟之后才被推之于公众视野，比如当年的互联网、高铁等。而在此次疫情中，基于 4K/8K 的超高清视频[8]、VR/AR[9]、无人机、无人驾驶、机器人等的行业革新已提前进入到"临床试验"阶段。在过去的十年，微信、短视频等借助 4G 网络的升级成为国民应用的"基础配置"；接下来的十年，万物互联的行业应用创新并不是空中楼阁，欠缺的正是 5G 这一"杀手级网络"。

[8] 4K 是显示分辨率的具象化、直观化的表述。指水平方向每行像素值达到或者接近 4096（4K）。基于此 4096×3112、3656×2664、3840×2160 等都被归于 4K 范畴。8K 是 4K 每行像素值的倍增，它将是未来超高清显示器追求的方向。

[9] VR（Virtual Reality，虚拟现实）技术指利用计算机技术、传感技术、机器人技术、人工智能技术等实现对现实世界的 3D 虚拟模拟和创造。AR（Augmented Reality，增强现实技术）是一种实时地由计算机实施控制操作，摄影机实时影像与既有图像、视频、3D 模型组合形成虚拟 3D 景物的技术。

**质疑二："5G 是否成本太高并不值得推广"**

有人认为，5G 无法做到有效覆盖。这源于对 5G 高频率的误解。高速率与其高频率是直接相关的，这一点没有错。但有人通过简单的换算，提出单个 5G 基站只能覆盖一个篮球场的范围，从而推导到 5G 的建设，质疑建网的可行性，这并不准确。事实上，5G 技术可以以低、中、高不同的频段进行部署，须根据具体场景进行差异化建设，如自动驾驶、机器人等行业场景下超宽带并不是核心的场景需求，其可以通过 2G 到 4G 低频资源的重耕来进行广泛覆盖，而同时，其 5G 低时延与高可靠的指标依然奏效。

有人认为，5G 投入如此之大一定很贵。每一代移动通信技术升级时都会遭受类似的质疑。由于高频热点的增设以及核心网络的改造，5G 的投入成本确实不可避免地要远高于 4G。但事实上，运营商在建设部署以及商业模式的选择上，具有较强的灵活性，其成本并不是都向消费者收取。在建设部署方面，网络覆盖从泛在向精准转型，按需覆盖有望成为第一原则；在商业模式方面，除流量的场景化经营之外，面向 B 端的物联网连接、网络切片有望带来规模的行业增量贡献，从而加快成本回收。

## 二、疫情中，处处可见 5G 的身影

5G 为疫情防控提供了重要的基础通信技术支撑，同时，疫情也为 5G 提供了得天独厚的展示平台。这是 5G 未来十年最为核心的基础能力，几乎是所有行业革新的基础。

## 第三篇 新基建是应对新冠疫情挑战的现实之需

5G+超高清视频+VR技术实现了亿万人的"云监工",带来了最直观的5G体验。武汉版"小汤山医院"火神山医院、雷神山医院的建造与启用堪称"中国奇迹",其建设过程受到了全国甚至全球民众的关注。借助5G网络在大带宽,高速率方面相对成熟的技术,"云监工"高清直播系统得以省去了传统有线直播光纤铺设、网络搭建以及设备配置等一系列烦琐的工作,迅速搭建完成,同时在线观看观众人数最高峰超过1亿。同时,除最基本的直播与转播功能之外,还实现了多平台推流、VR直播等新的应用方式。

"5G+VR+机器人"技术助力远程会诊、远程探视等工作,实现了医疗行业的深度革命。通过核心局部区域的优先部署,5G实现了医疗行业的大范围改造。5G+远程医疗系统快速在全国范围内铺开,大城市、大医院专家资源通过系统铺向全国特别是疫情严重地区,让疫情期间密集的远程诊断分析、集中讨论能够顺利进行。在特定高危场景,5G+VR视像传输系统为重症监护室所提供了"非接触式"远程探视,5G+智能机器人所承担护理、物品派送与清洁消毒等工作,有效降低了一线医务人员交叉感染风险。

"5G+无人机/车+机器人"技术所带来的信息化防疫,筑起了防疫、复工长效战线。疫情后期,5G+多样化终端正在继续加大普及。基于5G网络的机器人与无人车等已在武汉之外的多地投入使用,承担测温、护理以及运输等多重职责,为抗疫的长期作战做好了准备。医院之外,基于5G网络的智能终端等亦更多地出现在机场、火车站、地铁站、办公楼宇等人群密集区域。通过搭载红外热成像技术，在各大关键人流关口实现多人体温检查、高清视频监控等功能，极大地提升了检测、检疫效率。

上述三类典型的 5G 应用，在疫情期间发挥着重大的支撑作用。此时，人们已经不去质疑 5G 究竟有没有用、套餐是否比 4G 贵，更多的是遗憾地觉得，5G 要是早一点到来就好了。随着网络的逐步完善，5G 与各垂直行业的深度整合远不止于此。"基础应用 +X" 的模式将继续在工业、交通、教育、旅游等行业进行快速复制，从而形成庞大的 5G 行业应用矩阵，推动众多新业态的形成。

## 三、疫情后：期待与共识，从技术推动到需求拉动

此次新冠疫情来势汹汹，在对经济社会产生重大影响的同时，也将带来一系列的变革。对于 5G 来说，短期内肯定也在供需两侧以及产业链等方面存在问题，给网络建设、用户增长以及产业链条带来阶段性的冲击。但从中长期的角度看，此次 5G+ 基础应用对行业改造能力的展示，极大地促进了社会各界对 5G 发展共识的达成。在前四代移动通信技术普及的过程中，参与方主要为传统运营商、设备商、手机厂家以及互联网企业等，而随着产业互联网的兴起，5G+ 新一代信息技术创新动力将下沉至经济社会与各行各业的方方面面。疫情之下，经济受到冲击，亟须找到新的恢复与增长方式，5G 作为一项全新的技术投入其中，依然任重而道远。但相信 5G 的价值在磨难之后将愈发凸显，主要有以下五大驱动力。

第三篇　新基建是应对新冠疫情挑战的现实之需

### （一）"宅经济"：催生场景革命

居家防护、假期延长等隔离手段促进了"宅"经济的发展。与 2003 年"非典"前后消费者对网上购物的态度大转变相比，此次疫情影响的范围更大、更深远，集中式"宅"家生活状态，让先前全社会在各类日常场景下的特定模式与习惯发生了巨大的变化。在线应用需求的激增，催生了新一轮的场景革命。在教育方面，全国多省市推行"停课不停教、停课不停学"政策，在线教育在各地中小学及各类培训教育机构中迅速铺开。

在工作方面，随着复工复产节奏的加快，为避免集中办公带来的传染风险，远程办公、视频会议成为众多企业的首选或辅助应用工具。在医疗方面，虽然远程医疗尚未普及，但更多人用起了线上问诊等服务，以尽量减少医院现场就诊。疫情在推动新场景需求增加的同时，也激发了公众网络升级需求。这让 5G 应用需求变得更为清晰。当然，也有人质疑，疫情期间的这些应用有没有可能是"伪需求"。其实大可不必有这样的担忧，"不可逆转"是移动通信乃至各种新技术应用的自然规律，太多的新产品用过就"回不去了"。疫情结束后，因疫情暴发对应用场景的"破壁"效应并不会消失，部分新的场景会因为新的心理与行为习惯而延续下来。

### （二）行业共识：加速应用创新

疫情过后，数字化转型将是众多行业不可回避的一个重要课题。此前，一些垂直行业领域对于 5G 应用发展的认识并不全面，认为这是电信运营商的业务范畴，造成了行业应用落地的滞后。而在疫情防控过程中，经济、社会活动受到重大的影响，各大中小企业损失惨重，甚至面临着倒闭的风险，这迫使许多企业家、管理者更多地关注信息技术的重要性，并在疫情后加快各垂直行业的数字化转型升级。基于上述"基础应用+X"的模式，5G 可以与工业、医疗、交通、金融、教育等行业形成深度创新整合，从而在设计、生产、管理、服务、营销等各环节，通过人、机、物的连接升级重塑传统生产模式。比如，在 5G+ 云的支撑下，传统产业的物理产品将嵌入越来越多的数字功能，促进硬件向软件化、服务化转变，实现"产品即服务"；在 5G+机器人的支撑下，大量流程性工作、高危工作可由机器承担，而人更多地负责对机器的管理维护与更需创造力的决策工作，实现"人机协同运营"。随着 5G+ 万物互联时代的到来，企业数字化转型或已不再是锦上添花，而是在竞争中存活的必然选择。

### （三）融合技术：寻求连接赋能

大数据、人工智能、云计算等数字技术离不开 5G "连接"的赋能。本次疫情中，不少新技术在对抗疫情过程中发挥了重要的作用，但也有一些未能及时响应的地方，我国当前产业互联网的应用实践仍有较大提升空间。比如，前期的疫情状况分析、病毒传播与传染方式的数据模型构建、疫情发展趋势分析等，并没有在大数据或智能算法等信息技术支持下得到可信结论、趋势预测或决策支持，决策还存在一定的经验主义；基于云端的 AI 医疗影像识别

第三篇　新基建是应对新冠疫情挑战的现实之需

系统早已得到了很好的实验数据，但未得到很好的普及，临床应用上仍较多地依赖于人工判定等；而这些领域，原本都可以在科技的帮助下，有着较大的效率提升。事实上，相关数字技术在 4G 甚至是 3G 时代已经存在，同时也在我国"互联网+"战略下推广多年，但仍未实现规模化的场景落地。有这么一种说法，如果与人体作为类比，云计算、大数据以及 AI 分别类似于大脑的计算、记忆存储以及计算区域，那么 5G 网络就是类似于遍布全身的传导神经和末梢神经，是实现数字世界与物理世界交互的关键一环。疫情期间，多项政策文件提出鼓励加强数字技术在产业数字化、智慧化生活、数字化治理等方面的应用推广，其产业化能力离不开 5G 网络的有效支撑。

## （四）"新基建"：齐驱三驾马车

5G 将成为"稳投资、带产业、促消费"的重要推动力。5G 不仅是一项移动通信技术，更是一项促进经济、社会发展的重要基础设施。凭借其对上游设备、下游终端、应用，以及对行业的数字化改造能力，5G 发展有望齐驱投资、消费、出口"三驾马车"，成为疫情后对冲经济下行风险的重要手段，具体体现在三个方面。第一，加大 5G 基础建设投入将使产业链整体受益。加快推进电信运营商建网计划，可促进产业链上游天线、射频器件、光模块、5G 终端等细分行业的投入生产，从而确保通信产业链的稳定发展；第二，5G 网络将促进各行业的数字化转型升级。核心区域的优先覆盖，使得 5G 与工业、教育、交通、医疗等行业的应用创新提速，催生出更多的新业务，加速数字经济的发展。第三，5G 网络将增加线上服务消费。城市 5G 网络热点的增设，将为远程办公、在线教育、社交娱乐等带来更多的新玩法、新产品、新服务。

与此同时，5G 还是一项重要的国家战略资源，是实现科技"出海"的重要筹码。5G 时代，中国科技企业的话语权将会增强，继续向价值链的高端探索。随着 5G 相关的应用、产品的落地，以及其市场化能力的不断增强，我国 ICT[10] 产业有望迎来重要的发展机遇，成为出口结构优化的重要突破口。

### （五）供需互动：建设、商用提速

上述社会消费、产业发展、技术变革与经济增长等方面的需求，将刺激或增加电信运营商建网的市场预期及投资意愿。过去，在 2G、3G 到 4G 时代，我国通信业主要采取"跟随"策略，利用我们的市场容量和后发优势，取得了较高的建设效率和丰富的应用成果。但到了 5G 时代，我们前进到领跑位置，很多方面不再是模仿和学习，而是引领技术的发展方向。5G 网络建设与运营与 4G 时期又有较大差异，场景复杂、对技术要求更高。因此，三大电信运营商鉴于对其经营业绩的考虑，前期更多地倾向于相对保守的建网策略。疫情过后，这样的情况将发生改变。虽然在短期内，5G 建设进程可能将受到上游零件供应商影响有所延迟，但这并不是决定 5G 建设与商用的主要因素。相反，此次疫情催生的需求、形成的社会与行业的共识，使得运营商的 5G 商业模式更加清晰，消费侧场景化的流

[10] 信息与通信技术（ICT，Information and Communication Technology）是一个涵盖性术语，覆盖了信息技术、计算机技术和通信技术，是原来 IT 技术的扩充和融合。许多行业，例如计算机硬件和软件、网络技术、网络应用、移动电话、移动通讯、广播电视、网络、卫星系统等，均包括在其中。

量运营、生产侧物联终端连接以及专用切片网络等，均能为运营商在流量见顶的困难下提供新的收入来源。同时，密集出台的政策鼓励与扶持，包括基站资源、室内频率方面的共建共享政策、电费方面的补贴政策等，将进一步降低 5G 建网成本。需求与成本双双利好，将在较大程度上打消运营商建网的疑虑，驱动 5G 建设进程的提速。

突然而至的新冠疫情，打乱了经济社会运行的节奏，也促使我们被动地打破了固有思维的束缚。在产业互联网时代，网络连接正在快速地从封闭走向开放。2020 年是 5G 普及应用爆发的机遇之年。在新的周期中，"社会共识"甚至比"技术进步"更为关键，相信在全新的消费升级、行业转型、技术整合与经济发展的共同诉求下，中国 5G 发展能够达到高度的共识，促使整个社会焕发出前所未有的活力。

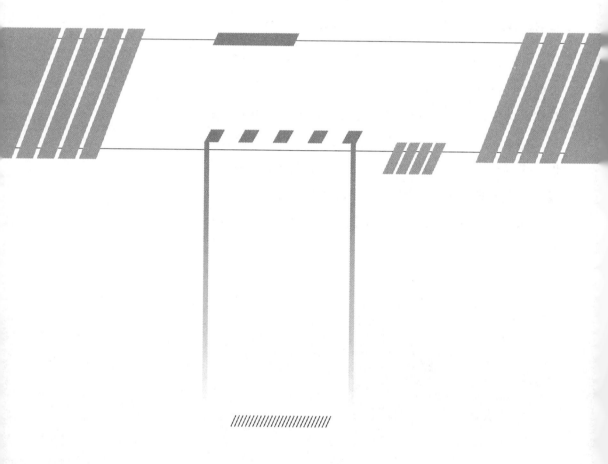

# 第四篇
# 新基建是"路",产业互联网是"车"

信息高速公路带来了消费互联网的大繁荣,"数字化生活"成为潮流。新基建开启了产业互联网新时代,"数字化生存"渐行渐近。新基建和产业互联网密切相关,互相促进。新基建是数字经济发展的战略基石,是通往数字时代的"高速公路"。产业互联网是数字经济的高级阶段,是奔驰在数字之路的"智能汽车"。两者"车路协同"必将繁荣数字经济生态。

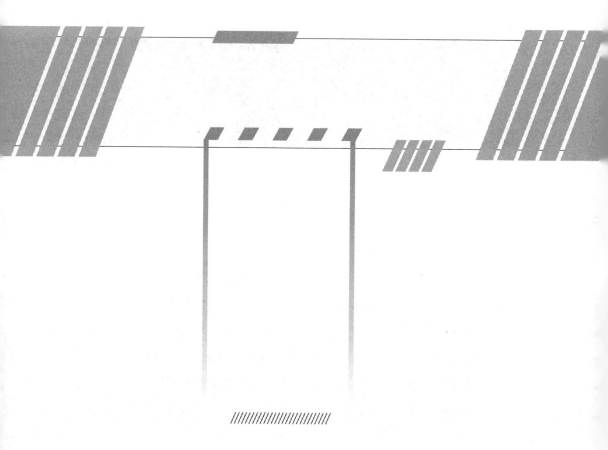

第四篇 新基建是"路",产业互联网是"车"

## 第 14 章
## 新基建推动产业互联网驶入快车道

原文题目:《腾讯汤道生:新基建推动产业互联网驶入快车道》,作者汤道生,根据汤道生在由腾讯研究院、腾讯产业智汇厅共同举办的"国家数字竞争力战疫公共政策系列研讨会"上的演讲整理,发表于腾讯研究院微信公众号(2020年3月24日)。

新型疫情期间,社会、企业和用户给我们提出很多新需求,比如线上销售、远程办公、远程上学等。例如今天,我们通过"腾讯会议",用在线的方式来开会。刚刚上线2个月的"腾讯会议",日活跃账户数超过了1000万,国际版已经覆盖100多个国家和地区。越来越多的企业和机构选择"腾讯会议"协助复工复产,相比传统会议,线上会议的效率更高,沟通效果也不差。现在国内疫情走向平稳,但这些新培养出的用户习惯却会长期保留下来。

此外,我们也在社区管理、物资调配、人员关怀、科研支持、医疗服务等方面,通过数字化技术助力各界抗击疫情。

实际上,腾讯从2018年就开始全面拥抱产业互联网,并专门成立了云与智慧产业事业群,以云计算、人工智能、大数据、支付、安全等技术能力,推动各行各业的数字化转型升级。

最近,中央多次提出,要大力推进包括5G、数据中心、人工智能等在内的新型基础设施建设。新基建是产业互联网发展的基础设施,这无疑将为产业互联网的发展提供巨大的新动力。传统基建是推动经济活动的基础,例如,公路的普及让汽车产业发展，扩大人们的活动范围，同时带动了物流、餐饮、旅游等行业的发展。

新基建的建设，将推动产业互联网向各行业纵深发展，加快行业数字化进程，同时推动形成新的产品服务、生产体系和商业模式。例如，5G可以推动自动驾驶、远程医疗等领域实现从量到质的飞跃。

同时，人工智能、大数据等领域，既属于新基建范畴，也是产业互联网应用，腾讯等产业互联网企业将参与其中，成为共建者。

在这次抗击疫情过程中，我们看到了产业互联网的作用，也证明了加速新基建落地、推动产业互联网快速发展的必要性。在这里，我也分享对于新基建的几点思考。

首先，新基建中人工智能、大数据、云计算等数字技术，在对抗疫情中发挥了很大作用。通过这次疫情，我们看到了新基建的潜力。

例如，在湖北，"腾讯觅影"落地方舱医院，以AI医学影像，助力新冠患者的CT筛查。一次胸部CT平均产生300张影像。一位医生肉眼看片，需要5~15分钟，而利用这套设备，AI算法最快只需要2秒就可以帮助医生识别新冠肺炎，大幅提升检查效率，减轻医生工作量，也让患者得到更及时的治疗。

此外，在这次疫情中，为了支持在线复工复课，"腾讯会议"8天扩容了100万核计算资源；腾讯教育也支撑

## 第四篇 新基建是"路",产业互联网是"车"

了全国超过 1 亿学生的在线网课。这背后,是过往云计算能力的积累。

其次,现有新型基础设施的覆盖、产业数字化的深度,还有很多提升空间。需要通过新基建的推进,释放生产力。

从用户角度来说,目前基础设施还不够坚实。在北京、深圳,5G 已经经常可以见到。但在很多山区,3G 都不一定有。比如,这次疫情让线下开学延期,很多学校利用在线方式上课。但在一些地区,网络设施不普及,上网课成了很奢侈的事情。西藏昌都的一位"00 后"女学生,甚至每天需要步行 30 分钟,走到雪山顶上才能找到网络来上课。

从产业角度来说,我们在产业互联网和企业 IT 应用上,还大幅度落后于发达国家。比如,美国企业的上云普及率是中国的 2 倍以上。美国企业每年在 SaaS[1] 方面的支出是中国的 30 倍。过去,很多 IT 系统都是在企业内部网络部署的,只能在办公室访问,这种封闭的安全理念在今天已经不适用了,把企业 SaaS 放在安全、移动可访问的公有云环境也是未来的趋势。

[1]SaaS(Software as a Service,软件即服务)即通过网络提供软件功能化服务,而不是用户开发或定制软件。

我们利用产业互联网数字化技术,提升供给效率的空间还很大。

第三,新基建有助于推动产业转型升级,助力中国经济高质量发展。

新基建的建设,将提升我国科技竞争力,加速从"中国制造"向"中国智造"转型,助力数字经济高质量发展。

## 新基建

我们通过腾讯云与三一重工集团旗下的树根互联，一起打造工业互联网"根云"平台，为中国商飞打造 AI 检测残次品方案。飞机复合材料的缺陷检测过程类似于我们给病人做 B 超。以往，一个飞机核心部件，比如尾翼的复合材料检测，需要几个有经验技师耗费数十小时、几十万元的成本，制作大量检测样本才能完成。现在，通过腾讯 AI 辅助检测系统，让检测过程更加自动化，只需要一个普通检测人员，花几分钟时间就能完成。检测需要的样品也从 30 多个降低到只 2 个。同时，通过这个系统，还可以检测出人眼无法发现的细微缺陷，整体检出率提升到 99%。

今天讨论的话题是"新基建和产业互联网"，在这里，我也向各位专家分享一下腾讯产业互联网的实践。

首先，腾讯开放 20 多年的技术积累，助力产业转型升级。

第一步，我们整合了腾讯云、AI、5G、大数据、网络安全、物联网等关键技术能力。目前，腾讯在云计算方面实现了两个 100：全网服务器总量超过 100 万台、带宽峰值突破 100Tbit/s。在中国，我们是第一家带宽峰值达到 100Tbit/s 的公司。再比如 AI 领域，截至 2020 年 3 月，腾讯拥有超过 6500 项全球专利。

第二步，我们将整合后的技术能力，集合成工具箱，开放给各行各业，为各个领域的产业智慧升级提供领先的数字化能力。

例如，在城市管理方面，去年我们推出了 WeCity[2]

[2] 腾讯云发布的政务业务品牌"WeCity"未来城市，主要通过微信、小程序等工具触达用户，为数字政务、城市治理、城市决策和产业互联等领域提供解决方案。

## 第四篇　新基建是"路"，产业互联网是"车"

智慧城市解决方案，以腾讯云为底层能力，为数字政务、城市治理、城市决策等提供解决方案，并通过微信、小程序等工具，高效触达用户。2019年，我们和贵阳市政府达成合作，共同打造"数智贵阳"[3]"未来城市"（WeCity）。我们希望帮助贵阳市政府实现"城市即平台、市民即用户、连接即服务"的治理愿景。目前，WeCity解决方案已经在长沙、重庆、武汉、江门、宿州等多个城市落地。

在工业领域，腾讯的智能制造解决方案，覆盖了从研发设计、生产制造、质量控制到运营维护的整个产业链。我们还和合作伙伴共同搭建了工业互联网平台，助力企业降本增效，享受新技术带来的红利。

例如，面板制造商华星光电，借助腾讯的AI图像诊断技术，对液晶面板进行缺陷智能识别，有效提升了检测的效率。以前，一个质检员从入职到上岗，需要培训2到3个月。如今，通过AI技术，缺陷识别速度提升了10倍，缩减人力50%，降低了人员成本。

其次，我们利用腾讯在C2B方面的优势，帮助客户和合作伙伴更好地服务好C端用户。

一方面是我们的连接优势。利用微信、QQ、企业微信的连接能力，让社会和企业服务更高效地触达用户；通过小程序、公众号、微信支付等连接工具，保证我们的服务能力和良好的用户体验。

例如，在这次疫情中，我们联合各方推出了腾讯"防

[3] "数智贵阳"是腾讯为贵阳市打造的微信小程序，它实现了贵阳市政务服务与民生服务一体化，是贵阳市民掌上生活的必备助手。至2020年6月，数智贵阳已经上线145项服务，深受使用者喜爱。在国内同类"城市服务应用"中具有明显的特点和优势。

疫健康码"，借助小程序的连接能力，把过去复杂的行政管理变成了像扫码支付一样简单。市民通过小程序实时上报个人健康信息。主管部门完成审核后发放健康码，并自动进行统计分析。基层工作人员也实现了减负，从琐碎的填表工作中解脱出来，提升了社会治理效率。至2020年3月，腾讯防疫健康码已覆盖9亿用户，使用超过25亿人次。

针对学生即将陆续返校的情况，3月中旬，我们率先推出了复学码。学生、家长可以通过用户端，进行健康状况申报；教职工、相关教育部门则可以通过管理端，精准掌握师生动向以及健康状态。复学码帮助校园疫情防控更智能、更高效。

另一方面是腾讯的产品优势，快速捕捉用户需求，并且落地实施。这依托于腾讯长期积累的用户洞察能力：产品开发能力，以及我们的运营能力：通过用户洞察，保证功能的有用性；通过运营和开发，保证产品有良好的体验和迅速迭代的能力。

新冠疫情发生后，我们在有11亿用户的微信"支付"页上线了"医疗健康"服务。原本需要几个月打磨的产品，从开发到上线，我们只用了7大时间；参与一线开发的同学每天只睡三四个小时，"最疯狂的一天"甚至更新了7个版本。

通过"腾讯健康"小程序，用户可以获取权威疫情信息和医学科普知识；可以用AI自查、在线义诊等功能获得远程医疗服务；用户也可以通过口罩预约、同小区查询

第四篇 新基建是"路",产业互联网是"车"

等功能,帮助自己做好防护。现在,这款小程序的日访问用户超过 3000 万,核心接口日调用量超过 10 亿。

# 第 15 章
## 拉动新基建：产业互联网扬鞭"五驾马车"

原文题目：《拉动新基建：产业互联网扬鞭"五驾马车"》，作者司晓，发表于腾讯研究院微信公众号（2020年4月10日），有修改。

2020年是充满"危"与"机"的一年。新冠疫情全球蔓延，迫使各国采取紧急措施，多种线下商业活动被按下"暂停键"，经济减速甚至下行的压力持续增加，世界范围的忧虑情绪不断加重。

危机之中，以互联网医疗、教育直播、远程办公、在线公共服务等为典型代表的新兴数字化业态呈现出爆发态势，产业互联网发展被按下"快进键"，对抗疫复工发挥了重要作用，也为经济复苏带来了曙光。

面对不确定性持续增加的世界，产业互联网将是未来重塑产业活力和韧性的关键。而产业互联网变革，必然需要与工业时代基础设施不同的"新基建"支持。新基建具备跨网、弹性、智能三大特征，能有效支持产业互联网，加快促成各行各业的数字化转型。

发展产业互联网，也能对新基建起到自上而下的反哺作用。互联网能将新基建更好地与终端需求衔接，使得新基建的建设有的放矢、避免盲目投入。因此，发展新基建应更加强调市场机制和民营经济的作用，充分鼓励互联网行业企业作为生态共建者参与其中。在此过程中，互联网将着重发挥五种核心能力,为未来产业经济发展增加确定性砝码。

## 一、疫情倒逼产业互联网"突围"

### (一)疫情按下经济的"暂停键"

今年新冠疫情全球蔓延造成了广泛、深远的影响。从东方到西方、从北半球到南半球,诸多国家不得不采取限流限行到封路封城各种紧急手段,造成主要线下商业活动受限或暂停,全球经济由此受到显著冲击。3月上旬从美国开始,多国股市出现大幅下滑和起伏,联合国4月简报更将今年全球经济从此前预测的增长2.5%转为下降萎缩0.9%,经济的忧虑情绪不断加重。

疫情暴露了当今全球化经济的紧密性和脆弱性,局部的扰动将快速传播甚至反复共振,使得全球经济减速,下行幅度扩大、周期拉长的可能性持续增加。在物理隔离可能反复持续、分工贸易可能萎缩迁移的情况下,如何寻找新"拉力"应对经济衰退风险,成为摆在各国面前的首要问题。

### (二)产业互联网按下"快进键"

在疫情让物理世界的经济活动部分停摆的同时,数字世界开启了接续和修复的"快进键"。新兴数字化业态呈现出爆发态势,对抗击疫情、复工复产乃至经济复苏发挥了重要作用。一些传统偏重线下的行业，在疫情倒逼之下加速上线，线上方式也从过去的辅助手段转换为主要手段。企业和机构不得不思考如何全面使用互联网来开展经营活动，而不是像过去那样仅把互联网作为某些环节的补充，由此真正开启了产业互联网的转型实践。

在当前消费者已经充分互联的情况下，产业互联网转向以互联不够充分的广大企业和机构为对象，以其生产经营各流程环节为场景，提供互联网化的技术、应用和服务，帮助它们成为能够线上线下无缝协同运营的新型组织，实施数字化转型。这不仅能让企业和机构降本增效、创新业务，更能通过构建"数字分身"提高其应急修复能力。

### （三）数字灌注未来经济"韧性"

放到更宏观的视角看，当各行各业通过产业互联网完成数字化转型时，行业内、行业与行业间、物理世界与数字世界间都将实现有效互联互通。由此形成的数字"比特"与物理"原子"之间的实时互动能力，将为未来经济注入"韧性"，从而更有效地应对不确定性变化。

从疫情期间的情况看，这种韧性至少表现在三个方面。

一是**切换性**。在原有经济活动通道中断的情况下，借助数字化快速构建新通道，实现经济活动的灵活切换。例如，疫情期间限制人的流动和聚集，大量企业无法开展现场办公而影响正常经营。通过视频会议、在线文档等方式采取远程办公，很多企业快速恢复基本的、甚至全部的经营活动。

二是**修复性**。在原有经济活动通道受阻的情况下，借助数字化疏通或重连通道的节点，让活动能够延续和持续。例如，受疫情交通流控影响，物资采购流通不畅，导致部分地区出现抗疫和生活物资紧张等问题。电商和快递服务平台通过搭建全球采购和物流绿色通道，迅速对接供需、修复供应链，保障物资的及时流通和供应。

三是**伸缩性**。在原有经济活动通道不足的情况下，借助数字化工具扩展通道节点和容量，让更多活动能够开展从而满足增加的需求，并在需求收缩时随之释放多余的资源。例如，疫情促使大量活动转到线上，导致对网络和计算资源的需求激增。传统信息技术很难快速响应，而通过云计算就能快速扩容和调配资源，满足短时间爆发的新需求。

此外，疫情还使得大量企业——尤其是中小企业现金流紧张，从而对资金需求激增，通过在线金融平台能够将各类借贷、融资、税收、资助等政策及申办渠道汇聚，对接给企业按需选择和快速获取，帮助企业渡过难关，保障经济的稳定。

## 二、新基建是产业互联网变革的"底座"

### （一）新基建的核心是数字基建

产业互联网是产业的数字化变革，是重塑未来产业活力和韧性的关键。

历史上每一次产业变革，都呈现出从底层到顶层、从局部到整个产业体系换代升级的特征。作为数字时代的产业模式和体系，产业互联网必然需要与过去工业时代基础设施不同的"新基建"。

**新基建的核心是数字基建**，是支撑数据采集、传输、存储、计算、分析、应用、安全等能力的数字化基础设施。有了新基建的支持，各行各业就能有效获得关键的数字化框架、资源和技术，在此基础上便利开展各种数字化应用创新，加速实现向产业互联网的升级。

## （二）新基建的三个层面与三大特征

新基建虽然有个"新"字，但并非全新的概念，也不是对传统基建的替代。实际上，新基建与传统基建密切相关，很多情况下两者将嵌套融合，共同发挥作用。

智慧城市的基础设施建设就是一个典型的例子。新的数字化设备和系统安装于道路、建筑等传统基建设施之上，共同作用才能实现城市的智能化运行。具体认识新基建，可以从范围和功能两方面入手。

范围上，新基建可分为核心层、基础层和创新层三个层面。

**核心层**指纯数字技术软硬件的基础设施。包括5G、数据中心、云计算、人工智能、物联网等，是整个数字经济的技术根基。

**基础层**指传统基础设施的数字化改造升级，例如智慧交通、智慧能源等。在这些领域中，传统基建投资占比较大，但近年来"拉动效用"递减，通过进行数字化改造能再度发挥稳投资、促增长的主体作用。

**创新层**指以数字化为内核的全新基础设施，例如无人配送物流系统、无人工厂、无人智能终端等，对未来新兴产业和经济形态的支持作用大。

功能上，新基建具备**跨网、弹性、智能**三大特征，使其更具对环境变化的能力。

**跨网**指新基建不是单一孤立的单元，而是多种基础设施的数字化互联网络。目的是让分散在各种传统基础设施中的人流、物流和资金流，能够彼此配合高效运转。尤其在遇到疫情等突发事件"断流"时，借助新基建快速修复连接与保障流通。

**弹性**指新基建不是固态不变的，而是动态耦合的"云化"体系。新基建要能根据环境变化迅速调整状态，保障新基建上平台和业务运行正常。云计算能快速调配网络、计算资源和数据资源，支持各类应急应用快速开发上线。而在应急状态解除后，这些资源又能快速释放，应急应用也能有效地转变为常态应用，避免资源浪费。比如，紧急上线的健康码正在演变为用户授权下的"一码通"，未来将支持医疗、出行等系列民生服务的便利开展。

**智能**指新基建不是单纯被使用损耗的物理资产，而是拥有数据智能的软硬件系统。数据是新基建的重要组成部分，在此基础上形成的算法软件，拥有帮助使用者决策的智能。尤其当这层数据智能叠加到传统基建之上时，能爆发出巨大的效率价值。如疫情大数据与交通结合可指导通行流控，医疗影像AI与医院设备结合可辅助疾病快速诊断，电商与物流数据结合可精准匹配物资供需，等等。

## 三、产业互联网反哺新基建的五种核心能力

产业互联网作为连接用户的上层应用，对新基建起到自上而下反哺的作用，将新基建更好地与终端需求衔接，使其建设有的放矢、避免盲目投入。因此，发展新基建，应更加强调市场机制和民营经济的协同作用，充分鼓励互联网科技企业成为生态共建者，积极参与传统基础设施的升级改造，在数字基础设施、全新基础设施建设中勇于创新，在关键核心技术领域实现突破。在此过程中，产业互联网将着重发挥五种核心能力。

### （一）全面触达力

利用各种便利接口快速实现到用户"最后一公里"的连接，使新基建有效保障多要素、端到端的连接。疫情期间小程序、公众号、二维码等微接口的涌现，以低门槛的海量用户连接能力，凸显出对社会快速应急和恢复的广泛价值。

在公共服务领域，疫情地图、同行查询、健康码等小程序实现极速上线，保障了居民出行和城市治理安全；商

业服务领域，零售、外卖为代表的生活服务平台工具也发挥了关键的互联作用，保障了居民日常生活必需和商家基本经营。

可以说，有了基于微接口的全面触达力，新基建就能最大化发挥对社会、对每个人的普惠价值。

## （二）技术创新力

以数字技术的高效研发和迭代能力，参与共建新基建的数字基建核心，能够有力支持各行各业的自主创新。疫情期间，互联网行业积累的云计算、大数据、人工智能等技术资源及能力，为诸多行业的数字化抗疫和复工提供了有力支持。

中山大学、清华大学等利用腾讯云提供的海量算力和智能算法，大大加速了新冠病毒治疗、修复药物研发；各地教育部门借助腾讯教育云资源快速搭建在线学习平台，让广大学生"停课不停学"；更多的行业和机构则通过腾讯会议等创新应用，快速实现复工复产。

在这个过程中，互联网平台的大规模技术资源调配能力发挥了突出作用，是实现新基建"弹性"的重要保障。为满足激增的海量用户使用，腾讯会议8天就紧急扩容主机超10万台，这种效率在传统基建、传统公共服务模式上是难以想象和实现的，这也体现了互联网参与新基建的核心价值。

可以说，疫情为传统行业和互联网的深度结合提供了

新基建

大规模的"试验场",更有效利用互联网技术基础开展创新变革的行业企业,有望率先恢复经营"疫后重生"。

### (三)开源协同力

通过牵头推动开源合作,可最大化新基建的公共价值。开源[4]天然有利于新基建的发展,其开放性能激发全社会的创新迭代能力,并让技术成果快速成为全社会充分共享的基础设施。

[4] 开源(Open Source),全称为开放源代码。开源软件最大的特点是开放,也就是任何人都可以得到软件的源代码,加以修改、学习,甚至重新发放。

腾讯一直是开源生态的坚定拥护者与积极建设者,通过开放输出积累多年的连接、计算与交互等多方面能力,积极推动和参与开源社区建设,全力辅助新基建的生态共建。云操作系统、企业级容器等多项核心技术的开源共享,有效满足了各行各业碎片化与定制化的需求,降低了各行各业打造数字化助手的成本。

[5] GitHub 是一个面向开源及私有软件项目的托管平台。作为开源代码库以及版本控制系统,Github 拥有超大量的开发者用户。随着越来越多的应用程序转移到云上,Github 成为管理软件开发、发现已有代码的重要平台。

截至 2020 年 3 月 19 日,腾讯在 GitHub[5] 上发布的总项目数达到 100 个,Star 数超 28 万,全球排名前十。在采用开源技术的新基建支持下,各行各业将避免费力重复"造轮子",大大缩短创新和迭代周期及成本,同时将更多精力用于聚焦核心业务发展。

### (四)平台生态力

互联网成熟的平台生态运营能力,能够将新基建卷入丰富的生态系统中,放大其对整个生态经济的拉动作用。新基建不再是单一的、固定的物理基础设施,而是数字化、

## 第四篇　新基建是"路"，产业互联网是"车"

智能化、软硬件结合的复杂系统，需要技术、应用与产业多方参与才能有效发挥作用。新基建生态将基于互联网和各传统行业的生态融合，创造出全新的生态图景。

互联网将重点为新生态引入众多的数字化的开发者及生态伙伴，与传统产业研发力量结合，通过共享技术能力、业务逻辑和专业系统等，基于平台应用的创新需要，共同完成基础设施的建设和完善。这就使得新基建与平台、应用有机结合，"按需而建"发挥最大作用。

例如工业互联网方面，腾讯就与三一重工、富士康、商飞等多家制造业龙头企业合作共建，让底层的云计算基础设施适配不同工业子行业平台的需求，同时带动开发者参与上层的应用开发，形成生态整体联动。

### （五）应用安全力

从顶层应用安全到底层技术安全贯穿，协助新基建打造产业级的应用安全保障体系。在社会数字化转型过程中，各行业全方位、全天候运行的网络应用和服务，将给新基建的稳定与安全带来新的挑战。互联网基于丰富的业务场景，从最终应用安全需求出发，结合底层云服务与周边组件的安全可控需求，有效联动供应链上下游如操作系统、开源软件、产品周边攻击的防御和应对，联合打造广泛适应于各领域的产业级网络安全基础设施及其应用服务。

腾讯安全已开放灵鲲监管科技平台、天御星云风控平台、天御反欺诈系统三大平台能力，面向泛金融、泛互联网、智慧零售等业务群体，解决新业务场景中的安全问题，同时还推出安全专家服务平台，将安全思维从被动防御升级到主动布局，提供战略视角的安全咨询服务，为企业数字化生命周期保驾护航。

可以预见，随着新基建的稳步推进，产业互联网正迎来加速发展的新机遇。产业上层的数字化变革也必将"反哺"底层的新基建，为其注入源源不断的发展动力，共同推动中国经济的动能转换、经济高质量发展和国家数字竞争力提升。这将为不确定性持续增加的未来，增加至关重要的确定性砝码。

第四篇 新基建是"路",产业互联网是"车"

# 第 16 章
# 新基建和产业互联网:
# 疫情后数字经济加速的"路与车"

原文题目:《新基建和产业互联网:疫情后数字经济加速的"路与车"》,作者田杰棠、闫德利,原文首发于《山东大学学报(哲学社会科学版)》2020年第3期。

20 世纪 90 年代,数字经济在我国汹涌而至,其发展图景波澜壮阔又扣人心弦。短短十余载,我国跃居世界第一网民大国、世界第一网络零售大国,数字经济规模居全球第二位[6],诞生了华为、腾讯、阿里巴巴等一批全球领先数字经济企业,取得了举世瞩目的发展成就。随着网络连接从人人互联迈向万物互联,技术应用从侧重消费环节转向更加侧重生产环节[7],我国数字经济"道路不畅"和"车型单一"的问题日益凸显。根据国际电信联盟(ITU)发布的 ICT 发展指数(IDI),我国在 ICT 基础设施和接入方面的排名是世界第 89 位,在 176 个经济体中位居中游。落后的信息基础设施,难以承载起繁荣的数字经济生态。我国数字经济发展呈现出"消费互联网一枝独秀,产业互联网刚刚起步"的典型特征。因此,从 2018 年开始,政府和业界敏锐地抓住瓶颈,分别从基础设施和行业应用两个方面,谋篇布局新型基础设施建设(以下简称"新基建")和产业互联网,为数字经济注入了强劲的发展动能。

新冠疫情(简称疫情)发生后,我国经济社会发展受到严重冲击。据中金公司预测,随着海外疫情和隔离措施

[6] 引自中国网络空间研究院《中国互联网发展报告 2017》。

[7] 引自庄荣文发表在《人民论坛》2019 年第 32 期的《努力开创网络安全和信息化工作新局面》一文。

全面快速升级，2020年2—3季度海外经济收缩幅度将超出2008—2009年的水平，全球新冠疫情对中国全年GDP的影响可能将上升至7～8个百分点。在抗击疫情过程中，数字经济发挥了重要作用，迎来了一定的发展契机。联合国贸易与发展会议发布的研究报告提出，疫情危机提高了数字解决方案、工具和服务的使用，也加速了全球经济向数字化过渡。"新基建"和产业互联网紧密相连、互相促进，是疫情后加速我国数字经济前行的两大"引擎"。"新基建"是适应数字经济换代发展时代要求的"高速公路"，是产业互联网充分发展的基础条件。产业互联网则是高速路上高效运行的"智能汽车"，是"新基建"顺利推进的需求支撑。"新基建"和产业互联网"路车协同"，推动数字经济发展迈向新的高级阶段。一个计算无处不在、软件定义一切、网络包容万物、连接随手可及、宽带永无止境、智慧点亮未来[8]的数字经济新时代正在到来。

[8] 引自邬贺铨发表在《中国战略新兴产业》2017年第21期的《"大智物移云"时代来临》一文。

## 一、疫情为数字经济发展提出新要求

### （一）近年来我国数字经济一直保持快速增长态势

近年来，全球数字经济蓬勃发展，数字技术变革正加速推进全球产业分工深化和经济结构调整，促生以数据资源为关键生产要素的新型经济形态。我国在数字经济领域保持快速增长，数字技术的广泛应用已成为我国经济高质量发展的重要支撑。国务院发展研究中心数字经济基础领域研究团队基于276万家数字经济企业的工商登记注册信息及其中96万家企业的业务数据，构建了一个包含百万级数字经济企业的大样本数据库，通过数字经济企业的规模、属地、经营状态、专利等方面的信息，观测和分析我国数字经济的整体发展水平以及分行业分地区发展态势。观测结果显示，我国数字经济行业发展规模逐年扩大，具体体现在企业数量规模、注册资本规模逐年增加。从行业规模上看，2018年数字经济行业新增企业数40.8万家，增长率为17%。累计企业个数达到276万家。从经营状态来看，2018年累计在营企业达192万家，累计企业在营率为70%，新增企业中在营企业数为38.6万家，占当年新增企业个数的94.50%。从营业规模来看，2017年可观测企业营业收入增长16.31%，达到12.6万亿元，2013-2017年，营业收入年平均增长率为10.44%，见图16.1。

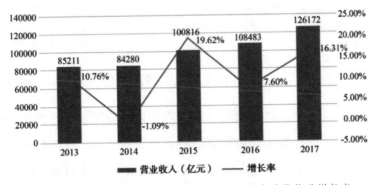

图16.1 2013—2017年可观测数字经济企业总营收及增长率
数据来源：国务院发展研究中心数字经济企业观测系统。

如图16.2所示，从营业利润来看，数字经济企业在行业规模持续增长的同时，经营效益也不断提高。2017年，可观测企业的总营业利润为8900亿元，比2016年增长33.13%，远高于同期规模以上电子信息制造业利润增长率（15%）。营业利润率为6.6%，与全国企业平均利润率基本相符。2013—2017年，年均增长率达到15.26%，也高于全国行业平均水平和规模以上电子信息制造业增长率。

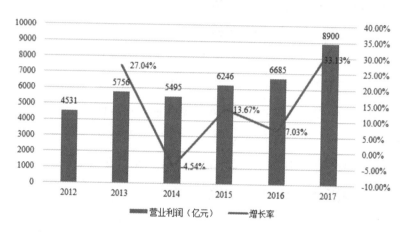

图16.2 2012—2017年可观测数字经济企业营业利润及增长率
数据来源：国务院发展研究中心数字经济企业观测系统。

## （二）疫情对数字经济整体发展带来积极影响

这次新冠疫情为数字化转型带来了意料之外的机遇。尽管短期内数字经济企业同样受到了负面冲击，但是，对人们行为方式的改变所带来的"未来机遇"则非常可期。疫情防控使数字经济的线上优势则得到了较为充分的体现，相当于是一次"生产生活习惯的全民数字化培训"，为数字技术应用的推广和扩散发挥了积极作用。数字经济的重要作用得到普遍认可，中国的互联网企业主动承担起社会责任，积极帮助疫情防控。从重要医疗物资全球采购到稳定百姓日常供应，再到大数据协助疫情管理，数字经济都发挥了重要作用。

国务院发展研究中心数字经济基础领域研究结果显示，2020年前3个月疫情发生期间，数字经济相关移动应用产品的新增活跃用户数不断上升，总增长率高达66.8%。影响过程可以分为三个阶段：第一阶段是各地采取严格控制措施之后，数字化应用新增活跃用户数迅速攀升至1月末的1.3倍；第二阶段是居民适应了疫情状态下生活方式的相对稳定期；第三阶段是2月底之后，各地开始有序复工复产，数字经济活动得到了线下的有力支撑，重新迎来了活跃用户高速增长期。当然，每一个具体行业的情况也存在很大差异，主要体现在线上和线下之别、居家和出行之分。一般来说，数字内容等纯线上业务受正面影响较明显，线下比重越大的企业所受不利影响往往越大；饮食、娱乐和通信等居家服务得到快速增长，网约车、共享单车、在线旅游等出行业务受到的不利影响很大。

## 二、"新基建"：数字经济发展的战略基石

### （一）关于"新基建"的三个定义

"新基建"的概念起源于2018年。在2018年4月全国网络安全和信息化工作会议上，习近平总书记多次强调"信息基础设施"和"网络基础设施"的重要性；2018年年底的中央经济工作会议又对"新基建"进行布局。近期，

中央多次重要会议高规格提及,"新基建"迅速升温,成为社会关注热点。

理解"新基建",首先要知道它的具体指向是什么。目前来看,主要是狭义、广义和"新义"三种不同范畴的定义,分别由中央重要会议、国家发展改革委和中央电视台提出。

第一,狭义的理解。狭义的新型基础设施,也称为"信息基础设施""新一代信息基础设施"或"数字基础设施",是由中央重要会议和领导人讲话提出的,其含义和范畴会根据发展形势及工作需要与时俱进。2018年12月的中央经济工作会议提出:"加快5G商用步伐,加强人工智能、工业互联网、物联网等新型基础设施建设。"[9] 2019年8月刘鹤副总理在第二届中国国际智能产业博览会致辞中指出:"要把增强原始创新能力作为重点,加强人工智能基础研究和技术研发,加强公共数据中心和云平台等新型基础设施建设,形成深度学习系统。"[10] 2020年3月中共中央政治局常务委员会召开会议强调:"加快5G网络、数据中心等新型基础设施建设进度。"[11] 综合来看,到目前为止明确提到的新型基础设施有6个,即5G网络、云平台、数据中心、人工智能、工业互联网和物联网。

第二,广义的理解。在具体工作范畴上,国家发展改革委把新型基础设施分为三个方面内容:一是**信息基础设施**,主要是指基于新一代信息技术演化生成的基础设施,如通信网络基础设施、新技术基础设施、算力基础设施等;二是**融合基础设施**,主要是指深度应用互联网、大数据、人工智能等技术,

---

[9]《中央经济工作会议在北京举行 习近平李克强作重要讲话》,新华网,http://www.xinhuanet.com/politics/leaders/2019G12/12/c_1125340392.htm,访问日期:2020年4月10日。

[10]《刘鹤:坚持在开放条件下推动智能产业发展 坚决反对技术封锁和保护主义》,第一财经,https://www.sohu.com/a/336410837_114986,访问日期:2020年4月10日。

[11]《中共中央政治局常务委员会召开会议 中共中央总书记习近平主持会议》,人民日报,http://cpc.people.com.cn/n1/2020/0305/c64094-31617516.html,访问日期:2020年4月10日。

第四篇 新基建是"路",产业互联网是"车"

支撑传统基础设施转型升级,进而形成的融合基础设施,如智能交通基础设施、智慧能源基础设施等;三是**创新基础设施**,主要是指支撑科学研究、技术开发、产品研制的具有公益属性的基础设施,如重大科学技术基础设施、科学教育基础设施、产业技术创新基础设施等。

第三,"新义"的理解。所谓"新义"的理解指的是体现创新、绿色等新发展理念的科技型基础设施建设。最典型的是中央电视台在 2019 年 3 月一次报道中提出的"七大领域",即 5G 基建、特高压、城际高速铁路和城市轨道交通、新能源汽车充电桩、大数据中心、人工智能、工业互联网。这一提法广为媒体传播,对普通民众影响很大。这一定义不仅包含关乎数字经济的部分,而且又加入了特高压、高铁、轨道交通和新能源汽车充电桩。

这三个定义分别由不同视角提出,呈现出一定的差异性。其中,狭义的理解是由中央重要会议和领导人讲话所明确,是本次基础设施建设的重点和关键。广义的理解是从具体部门开展工作角度进行界定的,内容全面。与狭义和广义的理解均属于数字经济范畴不同,"新义"的理解突破了数字经济领域,它是一年多以前的媒体解读,但其包含的非数字经济领域的内容也在这一轮基础设施建设考虑之内。本文的讨论主要基于狭义的理解,即以 5G 网络为代表的信息基础设施。

## (二)"新基建"是驱动数字革命的核心要素之一

当前,新一轮世界科技革命和产业变革正在孕育兴起,美英学者一般称之为"第三次工业革命"或"数字革命"。人类社会有史以来共经历了三次工业革命，每次革命的发生，都必须有新的通用目的技术、新的生产要素和新的基础设施三大驱动要素的出现。基础设施对经济社会、人类发展的重要作用不言而喻。

18世纪60年代，以蒸汽机的改良为标志，第一次工业革命在英国发生。工业革命是以机器取代人力、以工厂化生产取代个体工场手工生产的一场技术革命，蒸汽机成为新的通用目的技术，机器设备等物质资本在继土地和劳动之后成为新的生产要素。蒸汽机成功应用于轮船和火车，促进了航运的发展，使铁路成为新的基础设施，开启了近代运输业。

19世纪下半叶，以电和内燃机为标志的第二次工业革命在德国和美国率先发生。随着资本所有权与经营权日益分离，企业家从劳动大军中脱颖而出，成为一个新的群体，企业家才能开始成为独立的生产要素。这个时期，电网和管道运输日益普及，以适应高速发展的城市需求，并成为新的基础设施。在交通方面，内燃机促进了汽车和飞机的诞生，高速公路和通用航空成为新的基础设施。

第三次工业革命（数字革命）萌芽于二战后，兴起于20世纪90年代。当前，数字技术与经济社会以前所未有的广度和深度交汇融合，成为新的通用技术。信息资源日益成为重要生产要素和社会财富，党的十九届四中全会首次提出将数据作为生产要素参与收入分配。习近平总书记指出："要构建以数据为关键要素的数字经济。"数据成

第四篇 新基建是"路",产业互联网是"车"

为新的生产要素,以 5G 为代表的信息基础设施成为数字经济时代的新型基础设施,成为数字经济发展的战略基石。三次工业革命及其驱动要素如表 16.1 所示。

表 16.1 三次工业革命的三大核心驱动要素

| 工业革命 | 开始时间 | 起源地 | 三大驱动要素 | | |
|---|---|---|---|---|---|
| | | | 新的通用目的技术 | 新的生产要素 | 新的基础设施 |
| 第一次工业革命 | 18世纪60年代 | 英国 | 蒸汽机 | 资本 | 铁路 |
| 第二次工业革命 | 19世纪下半叶 | 美国、德国 | 电力、内燃机 | 企业家才能 | 电网、管道运输、高速公路、通用航空 |
| 第三次工业革命(数字革命) | 20世纪中叶 | 美国 | 数字技术 | 数据 | 信息基础设施 |

资料来源:腾讯研究院,2020 年 3 月。

### (三)"新基建"关键作用在于加速数字经济而不是拉动 GDP

"铁公基"[12] 等传统基建对 GDP 的"拉动效应"十分显著。"新基建"的拉动作用则未必明显,其价值更多体现在促进数字经济高质量发展、培育新动能等方面。主

[12] 这里的"铁公基"泛指铁路、公路、机场、水利等传统基础设施建设。也有专家将其表为"铁公机",狭指铁路、公路、机场等基础设施建设,本文取前者。

要是以下两个方面的原因:一是数字经济发展对线下活动存在一定的替代效应。尽管数字经济规模发展很快,其中不仅有对线下产业的替代,也有很多新增部分。但是它毕竟不像前几次工业革命对纯新增投资的大规模拉动那样显著,其"创造性破坏"的意味更加浓厚。二是数字经济大规模提升了社会总福利,尤其是消费者剩余[13],但是很多不体现在GDP上。这方面的研究文献已经比较多了,一个共同认识是:GDP难以反映数字经济的贡献,应该有更好的宏观指标来衡量数字经济贡献,可以称之为数字经济的"GDP悖论"。美国布鲁金斯学会指出:"数字产品通常对用户免费,因此他们对福祉的贡献被排除在GDP之外。但是,除了GDP数据以外,我们在世界各地都看到了数字革命带来的实际好处。"

[13] 消费者剩余又称为消费者净收益,是指消费者购买产品或服务时愿意支付的总价格与实际支付价格的差值。该差值被解释为消费者的"额外收益"。

## 三、产业互联网:数字经济发展新阶段

### (一)数字经济发展迈向产业互联网的新阶段

数字经济的发展可以大致分为两个阶段。在20世纪90年代开始的第一次热潮中,数字技术主要在消费领域进入大规模商业化应用,门户网站、社交网络、电子商务、网络视频、在线游戏等主要商业模式的终端用户几乎都是消费者,因此也被称作"消费互联网"。随着"互联网+"的纵深推进,数字技术加速与农业、工业、建筑业和服务业的深度融合,传统产业日益成为数字技术的重要用户,产业互联网踏步而来。

## 第四篇 新基建是"路",产业互联网是"车"

"产业互联网"这一术语起源于市场,是产业实践的智慧结晶,被企业界广泛接受。2018年9月30日,腾讯公司提出"扎根消费互联网,拥抱产业互联网"的新战略,从而提升了产业互联网的热度。产业互联网是以企事业单位为主要用户、以生产经营活动为关键内容、以提升效率和优化配置为核心主题的互联网应用和创新,是数字经济深化发展的高级形态,也是传统产业转型升级的必然要求。产业互联网具有连接类型多样、行业应用广泛、流程再造深度等特点,日益成为经济增长的重要驱动力,在提高现有产业劳动生产率、培育新市场和产业新增长点、实现包容性增长和可持续发展中发挥着重要作用。

### (二)消费互联网和产业互联网的主要差别

作为数字经济发展的新阶段,产业互联网和消费互联网有着显著的差异,主要体现在服务对象、市场主角和增长速度三个方面。

一是**服务对象**。简而言之,产业互联网更加强调数字技术对组织机构的服务和赋能,而消费互联网则更多的是直接为消费者服务,有点类似于生产服务业和消费服务业(也有人称之为生活与消费业)的区别。具体而言,消费互联网的服务对象是个人(2C)[14],改变人们的生活方式,面向的市场是8.3亿网民,以及14亿人口。业界一般通俗地讲,产业互联网的服务对象是企业(2B)[15]。严格来说,其服务对象是各类组织,包括企业、个体工商户、农民专业合作社等市场主体,以及政府、学校、医院、其他

[14] 2C和2B也常被表示为To C和To B,两类表述的实际含义一致。

[15] 2C和2B也常被表示为To C和To B,两类表述的实际含义一致。

事业单位、社会团体等组织,它改变社会的生产经营和管理方式。其中,我国仅市场主体就有1.2亿户。

二是**市场主角**。在消费互联网时代,互联网公司高歌猛进,获得了人们的广泛关注,被很多人认为是市场上的"主角"。凭借卓越的用户体验和快速的迭代创新,互联网不断颠覆传统行业,两者呈现出一定的此消彼长的关系。在产业互联网时代,传统企业成为真正的主角。互联网公司作为传统企业的"数字化助手",凭借对行业的洞悉,帮助企业成功。两者变成共生共赢的关系。

三是**增长速度**。如果说消费互联网呈现指数增长,产业互联网则多是线性增长。打一个比喻,消费互联网如同"沙滩捡贝壳",产业互联网则像"深海采珍珠"。

当然,消费互联网和产业互联网并非泾渭分明、非此即彼或竞争关系,两者不仅是并列关系,还有递进关系——数字经济正由消费互联网时代迈向产业互联网阶段,并渐呈融合之势。

### (三)产业互联网的三种递进形态

从应用形态来看,产业互联网至少包含深度和宽度两个维度,分别对应着专用性(垂直)和通用性(水平)。按照这个视角,可以划分为以下三种类型。

一是信息型产业互联网。其特点是通用性很强而专用性很弱,通俗的说法是"100米宽、10米深"[16]。主要指为企业提供基础性的IT和互联网服务,帮助企业完成基

---

[16] 这个深度并非指技术水平,而是指对行业的介入程度。

## 第四篇 新基建是"路"，产业互联网是"车"

本的信息化，并能应用互联网来减少信息成本和交易成本。典型的应用包括云计算服务、在线办公系统、B2B 贸易对接、C2B 个性化需求搜集，以及简单的生产环节协作。大部分互联网公司都可以提供这一类服务，当然也包括像找钢网这样的行业信息服务。从某种意义上讲，这就是消费互联网模式在企业服务领域的简单复制，也是互联网巨头转型产业服务的切入点。

二是管理型产业互联网。其特点是通用性较强而且具备一定的专用性，通俗的说法是"80 米宽、30 米深"。主要是指为企业提供更加专业化的财务管理、ERP、人力资源管理、专业数据库构建等服务。这已经不是完全通用性的 IT 服务，而是要了解企业管理的专业知识以及不同行业的应用特点。典型的服务商如国内的用友、金蝶，国外的 Sap、Oracle 等。

三是制造型产业互联网。其特点是通用性不强而专用性超强，通俗的说法是"10 米宽、100 米深"。主要为企业提供制造环节的"数字孪生"[17]、生产线控制、智能制造等专业化深度服务，也就是大家常说的"工业互联网"的核心环节。这不仅需要了解 IT 和互联网，更需要了解行业千百年累计出来的专业技术知识，是产业互联网的核心难点所在。目前，主要是一些大型制造业企业自己探索，或者在互联网企业的帮助下开发应用场景。

[17] 数字孪生（Digital Twin），又称为数字映射、数字镜像。它是利用物理模型、传感器数据、运行历史数据，构成一个全面而科学仿真过程，在虚拟的数字空间中完成映射，从而反映出对应的实体装备的整体运行状态与结果。

## 四、"新基建"和产业互联网是数字经济新时代的"路与车"

"新基建"的核心在于增强数据存储、传输和计算能力,既是"补短板"又是保持"前瞻性"。一方面,数字经济发展在某种程度上已经受到网络速度限制,一些新业态发展受阻,需要"补短板";另一方面,新冠疫情促进了全社会的"生产生活数字化大培训",如果再加上新的基础设施,会催生更多的市场需求。而产业互联网既是我国数字经济方面的不足,也代表了数字经济的未来。"新基建"和产业互联网应运而生,两者的协同发展必将繁荣数字经济生态。

### (一)"新基建"是"路",是产业互联网充分发展的基础条件

与消费互联网相比,产业互联网对信息网络的要求较为苛刻,在高精度、低延迟、互操作、安全性、低功耗等方面有着更高水平的要求。以制造业为例,首先需要生产环节的广泛接入,能感知生产线的每一个细微参数(物联网);其次需要大量的存储空间,万物互联的数据量十分惊人(数据中心);再次需要安全、高速、低时延的网络(5G网络);最后还需要对生产过程各环节的智能化控制(人工智能)。此外,上述这些都需要强大的算力支撑(云计算)。因此,如果没有"新基建",产业互联网的深度应用几乎没有可能。

"新基建"是产业互联网发展的必要条件,但不是充

分条件。"新基建"只是提供了基础的技术支撑，具体的应用还需要广大企业共同努力探索，不断挖掘产业互联网的深度应用场景。高速公路为智能汽车提供了畅通快捷的出行条件，但并不是每家企业都能生产出适宜的汽车。一言以蔽之，对产业互联网而言，"新基建"不是万能的，但是没有"新基建"是万万不能的。

## （二）产业互联网是"车"，是"新基建"顺利推进的需求支撑

在传统基建中，政府是主导者和投资方。在"新基建"中，政府的角色可能发生一些变化，更多体现为投资动员方，企业将成为重要投资主体。最近两年我国一般公共预算收支紧缩，政府性基金收入也受房地产调控而增长乏力，如果国有企业的投资回报率过低，必然为各级财政带来较大压力。从5G网络来看，2020年中国移动、中国电信、中国联通和中国铁塔的5G投资预算合计达1973亿元，远远超出四家公司在2019年的利润之和（1436亿元）。在手机用户潜在市场增长空间有限的情况下，电信运营商纷纷布局产业互联网，把产业互联网作为"新基建"应用的最大期望之所在。因此，如果没有产业互联网，"新基建"的投资回报率会大大降低。产业互联网是保障"新基建"顺利推进的有效支撑。

基于"新基建"，产业互联网将展现出满满的活力和广阔的空间，在助力传统产业提质增效方面发挥日益重要的作用。以腾讯方案为例，以往的飞机核心部件的复合材

料检测需要耗费几位成熟技师花费数十小时、几十万元的成本。现在利用腾讯的人工智能检测系统，只需要一位普通检测员花几分钟时间就能完成。华星光电借助腾讯的人工智能图像诊断技术对液晶面板进行缺陷智能识别，可以检测出肉眼难以发现的细微缺陷，识别速度提升了10倍，缩减人力成本50%，效率得到显著提升。

## 五、对策与建议

### （一）政府部门应如何推动"新基建"与产业互联网发展

第一，应从鼓励应用的角度给予适度政策扶持。"新基建"为产业互联网带来了发展机遇，但这种机遇并不是水到渠成、自然发生的，还存在较大的不确定性。而且，新冠疫情对企业投资能力的负面影响较大，可能导致企业不敢冒风险探索新的业务模式。因此，政府部门还是应该给予产业互联网一定的政策支持，以保障"新基建"的顺利推进。一是建设示范应用平台，为广大企业提供数字化转型的公共服务支撑。以工业互联网为例，行业主管部门可以牵头建立实验性的应用示范平台，探索不同应用场景的具体实现，有市场前景的成功应用模式再进一步向行业推广、扩散。牵头不意味着一定都由政府投资，可以联合科研机构、企业一起建设。二是鼓励、启动对产业互联网的需求。"新基建"的经济外溢性比较强，但也有着技术更迭快、市场竞争激烈的特征，要实现项目的财务平衡并非易事。在这种情况下，对产业互联网的需求支持应该成为政策着力点之一。例如，可以以技术改造补贴方式支持企业进行数字化改造升级，也可以参考创新券的模式为中小企业提供直接的需求补贴。

第二，数据治理规则应同步推进。推动数字经济发展不仅要靠"新基建"的硬件，也要靠数据治理的"软件"加以配合，否则将事倍功半。目前有两个有利条件，一是"稳增长"需要数字经济快速发展，二是疫情期间数字经济的巨大作用成为共识。政府部门已经认识到并积极推进包容性数据治理。

第三，坚持包容审慎监管，营造适宜创新的土壤。20多年来，互联网极大改变了人们的生活和工作方式，人类社会发生了翻天覆地的变化。尽管如此，联合国秘书长古特雷斯指出"我们仍处于数字经济的早期阶段"，李国杰院士也强调"真正伟大的产品还没有出现"。对未来，未知远大于已知。建议坚持采取包容审慎的监管态度，在看不准的时候给予"观察期"和"包容度"，给予新业态萌发壮大和市场检验的机会，不搞"一人生病，众人吃药"。同时对发展中出现的问题要及时加以纠正，保障人民群众的合法权益，不断满足人们对美好生活的向往。

## （二）数字经济企业如何把握这一新契机

随着"新基建"的逐步推进，走向产业互联网深度应用的新契机已经来临，工业专网、网络切片、生产控制、智能决策等应用可能逐步爆发。那么，消费互联网时代成长起来的龙头企业应该如何适应新机会？我们认为应做好以下三点。

一是主动适应"新基建"带来的基础设施条件，升级信息型产业互联网服务，推动企业的全面数字化转型。尽管信息型产业互联网主要是一些通用性IT服务，但是其量大、面广，市场空间和潜力仍然很大。关键是做好低成本、高安全性的服务，包括对于出现的安全问题给予适当补偿，让企业放心上云。

二是以强大的IT能力支撑管理型、制造型产业互联网应用的低端基础层。垂直平台对产业互联网的重要性不言而喻，而且由于其专用性较强，不会被消费互联网巨头全面取代。但是互联网巨头的IT软硬件实力强大，可以在一定程度上支撑行业垂直平台的运行，成为"平台的平台"。尤其是一些应用宽度较窄的行业垂直平台，自己建设部署IT设施的成本比较高，难以实现规模效应，需要互联网巨头的支持。

三是投资制造型产业互联网平台，布局未来。业务上不容易切入的，资本上可以投入。很多行业平台在创业初期由于商业模式不确定性较大，需要风险资本的支持。尤其是在新冠疫情影响下，很多中小企业甚至难以撑过难关。互联网巨头资金实力较强，对创业企业的识别能力也很强，应该抓住实现自身未来发展、支持产业互联网应用探索的好机会。

第四篇　新基建是"路"，产业互联网是"车"

# 第 17 章
# 数字优先、生态联动、共建未来经济

2020 年上半年，受新冠疫情（简称疫情）的影响，我们经历了一场全社会的"数字化实验"。网络技术和数字终端再一次爆发出了巨大的新能量，不仅解决个人的娱乐和消费需求，也解决个体和企业的生存发展需求。很多企业利用小程序、线上会议等工具，加速复工复产；数以亿计的用户在线上完成学习，通过网络寻医问药。

疫情暂时关上了物理世界的"窗"，也在数字世界打开了一扇更大的"门"。就像这次大会[18]，腾讯会展作为技术服务提供方，和主办方一起，利用在线直播、小程序互动、AI 同传等技术，打造全新的"云展馆"，让大会 365 天"永不落幕"。线下的接触虽然被暂时隔断，但在线上，人们的数字化连接将会打破时空的限制，更加广泛和持久。

疫情以极端的场景提供了一个证明，数字化不仅是社会经济的"必选项"，也是"最优解"。积极开展数字化的行业和企业，往往更有效地获得了自救和恢复。事实上，我国数字经济在 GDP 中占比已经超过三分之一。越来越多的行业和企业在面对未来发展时，将数字化放在优先位置，以"数字优先"作为战略思考的起点。

而新基建、数据要素、产业互联网、消费互联网和未

原文题目：《数字优先　生态联动　共建未来经济》，作者汤道生。原文系汤道生在 2020 中国互联网大会上的演讲，发表于腾讯研究院微信公众号（2020 年 7 月 24 日）。

[18] 指 2020 年 7 月 23 日召开的（第十九届）中国互联网大会。本次会议采用在线直播方式，大会为期三天，主题是"共迎网络新时代，共创产业新未来"。

来城市的融合，通过"生态联动"，描绘出未来经济的蓝图——新基建是"路"，提供支撑；数据是新"石油"，提供动力；产业互联网、消费互联网是"车"，载人运货；城市则是未来经济运行的最大场景，通过高效的服务与治理，来保障经济和社会良好运行。"路—油—车"高效协同运转，为新经济提供了新动能。

未来经济要做实新基建，修建跨网、弹性和智能的"高速公路"。

过去几年，数据的存储、传输、处理和安全技术，都有了长足的进步。在网络能力上，5G、物联网、地图LBS[19]、区块链等技术融合发展。

未来网络呈现出多网叠加、动态连接的特征。比如，智能网联汽车的"车路协同"，就需要5G与物联网的融合应用。汽车通过车载传感器、路边摄像头等物联网设施，识别出汽车、行人的位置与速度；通过5G网络的毫秒级传输，进行车、路之间的信息传输，提升车辆的运行效率和安全性。

持续增强的数据中心、超算中心，以及AI、量子计算等技术，提升了机器应对复杂世界的能力。腾讯在上海市青浦区、天津市滨海新区、贵州贵安新区、广东省清远市等地建设了多个大规模数据中心，并自研了星星海服务器。这款"为云而生"的服务器，服务实例综合性能提升35%以上。这些技术支撑让数字世界更具有"弹性"。比如，疫情期间远程办公需求激增，腾讯会议为了有效保障需求，

[19] 基于位置的服务（Location Based Services, LBS），是利用相关定位技术来获取被定位设备的物理位置，通过网络向客户提供的信息资源和基础服务。

## 第四篇 新基建是"路",产业互联网是"车"

仅用 8 天时间就扩容 10 万台云主机、100 万核计算资源,实现了对突发情况的及时响应。

人工智能的发展赋予了计算机认知图像、声音和文字的能力,让机器有了自己的"视觉"、"听觉"和"思考能力",让计算机更加智能。例如,疫情期间,影像科医生的工作量非常大,腾讯觅影利用 AI 医学影像,将原本需要 5~15 分钟的阅片时间,缩短到几秒钟,大大缓解了医生的压力。

此外,数字化让安全风险更加普遍并动态变化,网络安全的重要性日益凸显。例如,5G 和工业互联网使用大量的传感器,"触网"的终端大大增加,很可能成为 DDoS 攻击[20]的跳板。这就需要企业构建数字原生安全体系,把网络安全融入数字化建设的顶层设计当中。目前,腾讯安全为包括智慧政务、金融、零售、电商等 18 大行业的 10000 多家客户,提供安全服务;并打造了超过 80 款企业级安全产品,不仅提供"安全货架",更提供"配送服务"和"全程质保"。

未来经济要造好产业互联网这台"智能车",为各行各业的数字化提供高效运载能力,实现新供给、搭建新平台、形成新组织。

产业互联网包含"产业"和"互联网"。其中,"产业"是主角,"互联网"是数字化助手。产业互联网这台"智能车",一定是基于各行各业的实际需求,量身定制各种数字化解决方案;核心目标是以数据为动力高效运行,通过产销环节的数字化,实现更高品质、更高效率、更个

[20] DDoS (Distributed Denial of Service,分布式拒绝服务)攻击是一种恶意的流量攻击方式,它恶意地发送大量互联网流量,以压倒目标或其周围的网络基础架构的超常流量来破坏目标服务器,服务或网络的正常服务。

性化的新供给。

疫情期间,很多顾客看房不方便,腾讯云助力贝壳[21]打造的"在线VR看房"功能发挥了巨大的作用。顾客可以通过3D实景,用"云看房"的方式,感受房间的大小、装修的细节等等;也可以一键连线经纪人,获得关于朝向、税费、配套设施等相关问题的解答。目前,腾讯云助力贝壳,完成了超过370万套房屋的VR重建,用户使用次数超过6.6亿次。

再比如,最近,腾讯AI Lab(腾讯人工智能实验室)在辽宁,尝试用人工智能种番茄,根据生长周期和环境的变化,用AI控制浇水、施肥等种植过程,并成功应对了"倒春寒",让每亩每个季度的利润增加了数千元。

要实现"新供给",互联网需要在两个维度为产业提供助力。

首先是**能力的维度**,互联网要为产业提供充足的数字化生产工具。产业互联网具有技术精深、分工垂直的特征,需要搭建新平台,实现内部与外部的高效协同。互联网企业将自身的技术和能力模块化、产品化,通过中台的形式向外输出。产业互联网也需要通过构建开放平台,汇聚生态能力,通过行业协作、产业链协同,开拓新空间。

中台能够直接帮助客户,快速建立能力。腾讯云天御推出的智能风控中台,搭载决策引擎、风险探针和风险释放平台,银行可以根据自己的场景需求,灵活组成自己的风控方案。目前这个中台,帮助中国银行阻断了超过100

[21] 指贝壳找房网,一家大型综合性服务遍及全国的房屋、楼宇、办公室租赁、销售服务网络,以信息化手段如VR看房、房屋估价、智能推荐等创新技术应用而被业界所熟知。

## 第四篇 新基建是"路",产业互联网是"车"

亿的风险交易,助力华夏银行服务了 5 万多家小微企业客户线上信贷。

中台还能够推动技术和资源共享,达到倍增效果。通过腾讯通信中台的骨干网络和实时音视频技术,腾讯云联合飞虎互动为金融机构打造了虚拟营业厅,通过远程视频柜员,普通用户在微信小程序或者 APP 上,就可以与银行柜员通过视频办理业务,不到线下银行也能享受到柜台服务。虚拟营业厅获得了建设银行、浦发银行等几十家银行客户的认可,疫情期间,也在湖北的银行中广泛应用。

其次是**组织的维度**,互联网为产业提供灵活、开放的数字化管理、创新工具,通过在线办公、云端协作,构建数字化新组织。

传统的企业客服中心,常常要使用线下办公场所,集中大量客服人员,场地费用高、扩充弹性不够。最近,新东方在线就采用了腾讯企点的云电话呼叫中心。客服不再需要固定座席和预装了呼叫系统的设备,通过手机、电脑随时可以登录云端接听客户呼叫。办公地点不再受到限制,甚至在家也能办公。目前,新东方客服的"浮动座席"是固定座席的 6 倍多,在寒假、暑假等培训旺季,可以快速、弹性地应对咨询压力。

最后,未来经济要让数据要素成为驱动经济发展的"新能源"。

新基建、产业互联网、消费互联网、未来城市,不是相互孤立的,而是以数据为要素的互融互通。通过微信、小程序、微信支付等"新连接"，C（消费者）与B（企业）的数据也被打通，消费互联网所产生的消费者需求、偏好等大数据，可以帮助智慧产业优化流程，准确决策；产业互联网产生的通用数据与前瞻数据，又可以作为城乡建设和服务的参考。

疫情期间，大家购物不方便，永辉超市通过微信小程序和App，为用户提供"购物到家"服务。借助腾讯"智慧零售"的大数据工具，永辉超市对用户流向、渗透率等进行分析，预测不同区域居民的不同需求，通过仓储分配、运力调配，实现了最大化的货物周转。春节期间，永辉超市的销售额增长超过6倍。数据在社会生产、消费体系中的流转，不仅改善了消费者体验，提升了产品销量，也带来了企业运行效率的提升，让数据真正成为了"生产力"。

作为新型生产要素，数据并不只是对传统要素的补充，而是以幂数效应，放大人、财、物的能量，增强经济韧性与厚度。对个人而言，数据带来更高效、更精准的服务；对企业而言，数据将提升生产运营效率，支持业务创新；对社会而言，数据将为经济和民生发展提供增量空间。

新冠疫情是暂时的，发展是永恒的。"数字优先"是思维的变革，需要我们真正认识到今天这个拐点，需要我们真正认识到数字化的重大意义，需要我们从数据要素的生产、流转和价值生产的全流程，来重新思考、设计和优化整个系统，积极投入新基建，实现产业互联网和消费互联网在未来城乡间的高效协同，构建更有韧性和发展力的未来经济。

# 第五篇
# 新基建促进经济高质量发展

基础设施在经济社会中具有战略性、基础性、先导性和公共性的基本特征，对经济发展的拉动效应十分显著。世界银行对1990年的测算结果表明，基础设施存量增长1%，人均GDP就会增长1%。传统基建带来的是"乘数效应"，新基建带来的则是"幂数效应"。

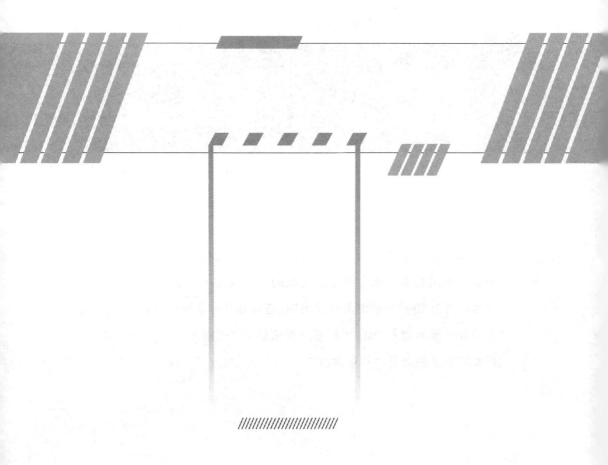

# 第 18 章
# 新基建促进经济发展的作用与路径

原文题目：《经济高质量发展理论框架下的新型基础设施建设企鹅经济学》，作者陈维宣、吴绪亮，发表于腾讯研究院微信公众号（2020年5月20日）。

当前，我国高度重视新型基础设施建设，从短期来看，此举有助于"熨平"经济波动、稳定经济增长，降低经济运行风险。从长期来看，此举有助于推进供给侧结构性改革、推动经济高质量发展。

因此，对于新型基础设施建设的战略价值与政策重点研判，需要放在经济增长理论，特别是高质量发展理论的框架下进行系统分析。

## 一、传统基础设施与新型基础设施

根据经济学的基本观点，每一次工业革命都将发展出与其相适应的基础设施。铁路、煤炭等是在第一次工业革命中发展出来的，交通和能源基础设施，公路、机场、电力、石油等交通和能源基础设施主要发轫于第二次工业革命，第三次工业革命催生了电话、电信、互联网等信息基础设施。以5G、数据中心和人工智能等为代表的数字基础设施则主要对应于近年来在全球范围内蓬勃兴起的新一轮科技革命和产业变革。

在思考新型基础设施的概念时，需要格外注意的是，当前对新型基础设施的概念阐述与内涵界定尚处于探索阶段，目前对新型基础设施范畴的表述已经历两个阶段。根据性质的不同，可以将基础设施分为经济型基础设施和社会型基础设施，其中前者主要包括交通、能源与信息等基础设施，后者则主要包括科教文卫和环境保护等基础设施。

在稍早期阶段，从中央历次重要会议的表述来看，新型基础设施的范畴集中在经济型基础设施领域，主要是指5G网络、数据中心、人工智能、工业互联网、物联网等与数字经济或产业互联网密切相关的数字基础设施领域，核心是支撑数据这一关键生产要素的感知、采集、传输、存储、计算、分析和应用。在第二阶段，国家发展改革委在2020年4月20日明确，新型基础设施是以新发展理念为引领，以技术创新为驱动，以信息网络为基础，面向高质量发展需要，提供数字转型、智能升级、融合创新等服务的基础设施体系，包括信息基础设施、融合基础设施和创新基础设施。在这一阶段，新型基础设施的范畴进一步拓展到社会型基础设施领域。

新型基础设施与传统基础设施虽然具有本质共性，都对经济增长具有基础性和先导性作用，但同时也在概念范畴、技术门槛、应用场景、边际报酬[1]、作用机制等五个方面存在着与传统基础设施显著不同的特征。**第一，在概念范畴方面**，传统的水运、铁路、公路、机场、港口等基础设施都属于经济型基础设施，新型基础设施的概念范畴则比其更加广泛，同时包括经济型和社会型两种基础设施，其中信息基础设施和融合基础设施属于经济型基础设施，

[1] 边际报酬，是指既定技术水平下，在其他要素投入不变的情况下，增加一单位某要素投入所带来的产量的增量。

创新基础设施则属于社会型基础设施。**第二，在技术门槛方面**，新型基础设施具有鲜明的新技术属性，是新技术与新业态的融合，更加强调对通用性数字技术对经济增长的底层基础支撑作用，具有较高的技术门槛。**第三，在应用场景方面**，传统基础设施是大工业生产时代的产物，应用场景较为单一，而新型基础设施的应用场景则进一步由原子场景突破到比特场景，更加契合当前数字革命的需求。**第四，在边际报酬方面**，传统基础设施对经济增长的作用服从边际报酬递减规律，而新型基础设施则具有边际报酬递增的特点，比传统基础设施表现出更强的规模效应、外部效应和溢出效应，可以对国家数字竞争力产生显著影响，这是传统基础设施所不具有的重要特征。**第五，在作用机制方面**，市场机制在新型基础设施投资与建设过程中具有基础性、关键性和决定性的作用，新型基础设施建设和投资对市场机制的依赖性更强，因此更加需要以社会资本投资为主，传统基础设施建设过程中依靠政府投资的主流模式的适用性将进一步降低。

## 二、基础设施建设与经济增长理论

关于基础设施对经济增长的作用，通常可以从凯恩斯主义[2]和新经济增长理论[3]这两个传导机制理论来考察，它们分别代表了基础设施对经济增长的短期作用和长期效应。

根据经典的凯恩斯主义，基础设施建设作为政府支出

[2] 凯恩斯主义，也称"凯恩斯经济学"，是建立在凯恩斯著作《就业、利息和货币通论》思想基础上的经济理论。主张国家采用扩张性的经济政策，通过增加需求促进经济增长，即扩大政府开支，实行赤字财政，刺激经济，维持繁荣。

[3] 新经济增长理论的重要内容之一是，把新古典增长模型中的"劳动力"的定义扩大为人力资本投资，即人力不仅包括绝对的劳动力数量和该国所处的平均技术水平，还包括劳动力的教育水平、生产技能训练和相互协作能力的培养等，这些统称为"人力资本"。美国经济学家保罗·罗默1990年提出了技术进步内生增长模型，在理论上第一次提出技术进步内生的增长模型，把经济增长建立在内生技术进步上。技术进步内生增长模型的基础是：(1)技术进步是经济增长的核心；(2)大部分技术进步是出于市场激励而导致的有意识行为的结果；(3)知识商品可反复使用，无需追加成本，成本只是生产开发本身的成本。

的重要组成部分，可以被视作一种公共投资。在出现经济衰退或萧条时，社会有效总需求不足，基础设施投资不仅可以通过增加投资需求，引起总产出直接增加，还会通过"乘数效应"扩大资本积累与劳动就业，间接推动经济增长。除此之外，中央政府基础设施投资的增加，还将进一步引起地方政府扩大投资规模，在短期内推动经济复苏。

按照新经济增长理论的逻辑，基础设施作为公共物品，具有规模效应和网络外部效应，这种效应既可以通过直接提高产出效率，又可以通过产业间和区域间的溢出效应来促进长期经济增长。

首先，基础设施可以提高生产效率。基础设施改善能够促进生产要素的自由流动，推动企业和要素的最优匹配，提高员工的工作效率和企业的劳动生产率与全要素生产率，从而推动经济增长。其次，基础设施可以降低企业生产成本。良好的基础设施能够改善企业的决策环境，保障企业生产经营的稳定性与持续性，深化劳动分工，提高产品质量和设备运行效率，降低企业的运输和库存成本；还可以降低企业的交易成本，扩大市场范围，提高交易能力和交易效率。

基础设施对区域经济增长具有空间溢出效应。基础设施投资对周边区域的空间溢出效应能够显著降低邻近区域生产性企业的生产平均成本和边际成本，有时空间溢出效应的成本降低效果甚至会超过本地基础设施建设产生的影响，从而使一个地区的基础设施建设不仅促进了自身的经济增长，同时也对周边地区的经济增长产生空间溢出效应。

## 三、新型基础设施建设与经济高质量发展

近年来,中国经济增长的下行压力逐渐增大,深层结构性矛盾日益突出,新冠疫情的暴发则进一步加重了这一压力。当前,中央提出加强新型基础设施建设,从经济高质量发展框架下来看,这一举措具有双重战略价值:一方面可以在短期内"熨平"经济波动、稳定经济增长;另一方面可以在一个较长的时期内促进结构性改革、推动经济高质量发展。

### (一)短期效应:熨平经济波动

新冠疫情的暴发,对拉动经济增长的"三驾马车"[4]均产生了强烈的冲击。在消费领域,冲击主要发生在第三产业中的批发零售、交通运输、文化旅游、住宿餐饮和影视娱乐等行业。在投资方面,基础设施建设、工业生产等固定成本较高的制造行业都将受到严重影响。国家统计局数据显示,2020年一季度国内生产总值同比下降6.8%,但其中信息传输、软件和信息技术服务业增加值反而增长13.2%,互联网和相关服务的营收增长10.1%。

因此,在此时加强新型基础设施建设,有助于熨平短期经济波动,稳定经济增长,降低经济运行风险。虽然目前各地重大项目投资计划中,交通、能源等传统基础设施建设项目仍占据主要位置,但新型基础设施建设的比重正在大幅提升。从地方政府工作报告来看,目前已有25个省市的政府工作报告提出加强新型基础设施建设。从地方政府专项债来看,新型基础设施建设的比重已经显著上升。

[4] 经济学上常把投资、消费、出口比喻为拉动GDP增长的"三驾马车",这是对经济增长原理生动形象的表述,是需求侧的经济发展动力源。

基础设施建设作为一项反周期的"准财政政策",与财政政策、货币政策分工合作,共同构成具有中国特色的应对短期经济波动的宏观调控体系。基础设施投资在应对1998年亚洲金融危机和2008年全球金融危机中发挥了巨大的作用,包括曾引起一定争议的"四万亿"投资计划,目前的观点也普遍认同,基础设施投资的确在短期内拉动了经济增长。

## (二)长期效应:促进经济高质量发展

新冠疫情对经济的冲击,一方面暴露了传统经济生产体系的脆弱性,依赖线下的生产经营模式难以应对市场需求和国际供应链的动态变化。另一方面,在抗击疫情期间,数字化程度越高的企业越能够迅速地进行动态调整,通过柔性生产、远程运维等方式将疫情的负面冲击降到最低。这深刻地揭示出,中国经济的生产方式与商业模式必须加快数字化、网络化、智能化转型,推动供给侧结构性深度改革,增强经济运行体系的稳健性,促进宏观经济的长期稳定增长,这是经济高质量发展的应有之义,新型基础设施建设将在其中发挥至关重要的作用。

第一,以新型基础设施建设带动传统基础设施的数字化、网络化、智能化改造升级。传统基础设施投资支撑了中国改革开放以来三十多年的高速增长,但是从统计数据来看,2010—2018年,经济增长率从10.3%下降到6.3%,资本投资对经济增长的贡献率从66.3%下降到32.4%,对经济增长的拉动作用从7.1%下降到2.2%。数据表明,随着传统基础设施投资规模的扩张，其对经济增长的边际贡献率逐渐递减。新型基础设施将通过增强对传统基础设施的数字化、网络化与智能化改造，拓展传统基础设施促进经济增长的作用范围并优化作用机制，提高传统基础设施的边际报酬或降低其边际报酬递减的速度，从而推动经济的长期包容性增长。

第二，以新型基础设施建设推动供给侧结构性深度改革。新型基础设施所涉及的各项技术目前已形成初具规模的行业部门，其对产业结构和经济增长的影响可以从如下两个方面来探讨。一方面，对5G、数据中心、人工智能等行业部门基础设施投资的增加，将引起这些新兴行业与其他行业之间在增长率上的较大差异，从而直接引起产业结构的优化升级。另一方面，对这些新兴行业投资的增加，将推动这些行业部门生产率水平及其增长率的提升，从而吸引生产要素从低生产率或生产率低增长的部门向新兴行业部门的持续流动，由此带来的"结构红利"将会引致全行业生产率水平的提升，推动产业结构高级化与合理化，促进经济的持续增长。

第三，加快新型基础设施建设有利于充分发挥数字经济潜力。首先，新型基础设施具有显著的乘数效应。通过加强新型基础设施建设与投资，奠定数字经济的发展基础，降低中小企业应用数字技术的技术门槛，推动产业数字化转型与产业互联网发展。据腾讯研究院《数字中国指数报告（2019）》测算，"用云量"每增长1点，GDP大致增加230.9亿元。其次，新型基础设施具有强劲的产业关联效应。大数据、物联网、人工智能等新型基础设施所处的数字密集型行业几乎与其他所有行业均存在前向和后向关联关系,通过对产业链的横向整合和价值链的纵向集成,促进数字技术的产业间扩散。最后,还具有长期的创新与创造效应。通过加强新型基础设施建设,将进一步促使交通、医疗、金融、制造业等各领域各行业实现生产方式数字化、商业模式网络化、管理范式智能化的创新与变革,提高企业的技术创新能力与效率,创造新的就业岗位,带动就业规模的扩大,充分发挥并实现数字经济在促进经济高质量发展中的潜力。

## 四、新基建加速我国经济高质量发展的政策路径

自改革开放以来,尤其在应对亚洲金融危机和国际金融危机的冲击,以及西部大开发、振兴东北、中部地区崛起等过程中,中国的基础设施建设实现了跨越式发展。传统基础设施建设的经验为新型基础设施建设助力经济高质量发展提供了丰富且宝贵的借鉴意义。

### (一)加速扩大新型基础设施投资规模

虽然多数省市自治区在政府工作报告中提及新型基础设施建设,但是目前看来,新型基础设施建设投资的规模仍然较小,难以起到在短期内明显刺激经济增长的作用,未来需要加速扩大新型基础设施建设的规模。一是要尽快

出台国家新型基础设施投资计划，明确投资范围与项目清单，建立统一规范的新型基础设施投资管理规范。二是理论研究表明公共物品属性越强的行业，中央投资对地方投资和民营资本的带动作用越强，因此需要通过增加中央投资带动地方投资和民间投资，适当拓宽投资主体范围，鼓励地方政府在年度投资计划中尽量扩大新型基础设施投资比重，但是同时也要注意积极防控地方政府债务风险。

### （二）坚持优化新型基础设施投资结构

如前所述，由于基础设施属于公共品，因此具有较强的外部效应，这意味着无论是单独依靠政府直接投资或通过国企投资，还是仅依靠市场进行投资，都无法达到社会合意的最优投资规模，而且还可能会导致投资效率的下降。因此，在新型基础设施投资过程中，需要优化投资结构，坚持构建以政府引导和市场主导相配合的投资模式。一是降低新型基础设施投资的进入壁垒，破除对民营企业进入新型基础设施投资的隐性障碍或者价格管制，积极引导民营资本进入，优化投资主体结构。二是厘清新型基础设施的产权属性，完善政府、国企和民企之间的投资合作机制，降低中央企业投资对民营资本的挤出效应。三是民营企业在前期已对数字基础设施进行大量投资，推动产业互联网的发展。但是由于数字基础设施外部性导致私人收益和社会收益出现差异，市场投资激励不足，因此，需要政府采取包括税收减免、融资优惠等多种政策手段加以激励。

### （三）应高度重视新型基础设施产业生态建设

新型基础设施建设不是简单地扩大基础设施的投资规模，而是与产业化应用配套推进的体系化建设，因此在新型基础设施建设过程中要积极重视强化、优化产业生态。一是在已有产业互联网生态建设基础上，进一步加强产业链上下游企业的协同发展，鼓励在技术、资本和市场方面相关性较高的企业共同构建包容开放的生态共同体。二是充分发挥产业联盟等社会组织的协调作用，搭建"政产学研金用"六位一体的合作交流平台。三是强化全生命周期管理理念，事前制定好技术与经济可行性方案，事中加强项目质量管理与评估，事后做好项目验收与退出机制。

第五篇　新基建促进经济高质量发展

# 第 19 章
# 新基建推动制造业数字转型发展迎来新拐点

原文题目：《新基建推动制造业数字转型发展迎来新拐点》，作者李颖，根据李颖在腾讯举办的"国家数字竞争力战疫公共政策系列研讨会"上的演讲整理，发表于人民网（2020-03-27），有微调。

2020年3月4日，中共中央政治局常务委员会召开会议，强调要加快5G网络、数据中心等新型基础设施建设进度，"新基建"成为社会广泛关注的热点。"新基建"的关键在于"数字基建"，过去10多年，新一代信息技术应用不断为各行各业注入新活力、增添新动能。尤其是新冠疫情暴发后，工业互联网、大数据、5G等在疫情防控、复工复产等方面发挥了重要作用，已经成为生产生活的刚需。加快推进"数字新基建"，不仅是当前对冲疫情、拉动投资、提振经济的"紧急之需"，更是关乎经济转型、社会发展和国家繁荣的"长远之计"。

## 一、深刻认识新型数字基础设施的内涵

新型数字基础设施是面向数据感知（采集）、传输、存储、计算、分析、应用、安全等能力需要的新一代基础设施，以工业互联网、5G、数据中心等为代表。与以"铁公机"[5]为代表的传统基建相比，新基建体现为"经济新基础""投资新收益""治理新体系"等特征。

[5] "铁公机"，铁路、公路、机场，指狭义的传统基础设施建设。也有专家称为"铁公基"，以泛指铁路、公路、机场、水利等传统基础设施建设。

## （一）数字新基建是推动高质量发展的新基础

当前，人类社会正在进入以数字化生产力为主要标志的数字经济新阶段，必须要有相应的基础设施作为基础和保障，人们赖以生存发展的物质载体从传统设施向数字设施转变。纵观前三次工业革命，都是以相应时代的"新型"基础设施建设为标志的。由蒸汽机推动的第一次工业革命，是以铁路建设为标志；由内燃机和电力驱动的第二次工业革命，是以公路和电网建设为标志；由计算机和通信技术推动的第三次工业革命，是以互联网建设为标志。美国通过信息高速公路、互联网等数据基础设施建设引领世界发展新浪潮，成长出一批互联网企业巨头。纵观中国改革开放四十年取得的巨大成就，一个关键举措就是在"两基一支"（基础设施、基础产业、支柱产业）领域投入巨大，为社会经济高速发展奠定了重要基础，这是中国政治、经济体制所具有的独特优势。在当前新旧动能转换、高质量发展的新时期，这一战略举措仍具有重要意义，但是投入领域和治理方式发生了变化。

其一，在基础设施方面，云端、网端、终端"三端"发力、万物互联的新型数字设施成为关键。传统设施通过数字化、网络化、智能化升级和转型，将发挥更大作用。

其二，在基础产业方面，新一代信息技术、新材料、新能源、新交通成为支持经济社会转型升级、创新发展的现代基础产业。尤其是信息技术产业，兼具先导产业、基础产业两大特性。

其三，数字新基建具有三大功能。一是满足人们美好生活的需要。二是投资拉动基础产业尤其是信息技术产业的升级发展。三是"两基"协同发力，支持传统产业转型升级，从而形成以数字化、网络化、智能化为特征的新型支柱行业。

中国处在保持经济稳步增长的关键时刻，大力推进新型数字基础设施建设，既能发挥我国在顶层设计和集中建设方面的制度优势，又符合数字中国建设、全球产业竞争的战略需要，为中国经济转型和创新发展奠定重要基础。

## （二）数字新基建是应对当前经济下行压力的新举措

面对经济增长下行压力、传统基建投资边际效益下降和产业渗透率下降的挑战，推进新型数字基础设施建设是我国对冲疫情影响、优化投资结构、刺激经济增长的有效方法。新基建本身就是中国经济新的增量，当前工业互联网、5G网络、数据中心等新型数字基础设施建设需求迫切，涉及的产业链更长、应用的广度和深度更高。同时，新型基础设施与所承载应用的融合更加紧密和深入，对应的产业生态系统更加丰富，将有效促进传统领域数字化、网络化和智能化，加速技术改造和转型升级，产生长期性、大规模的投资带动效应，可以在稳投资、稳增长、稳就业中发挥重要作用。以5G为例，5G网络建设不仅涉及大量的工厂、基站、供电等基建投资，还将激发各行业转型升级，带动工厂改造、建设运营、系统升级、技术培训等诸多投资，中国信通院预测，到 2025 年，5G 网络建设投资累计将达到 1.2 万亿元，累计带动相关投资超过 3.5 万亿元。

### （三）数字新基建是推动治理体系现代化的新抓手

一方面，新型数字基础设施建设不同于传统基础设施的投资运营模式，其建设交叉融合度更高，参与投资建设和运营的主体更多。在新型数字基础设施建设中，政府重点投入基础性、关键性的基础设施建设，并引导和带动 PPP、PE、风投等社会资本加大投入，发挥全社会资源力量，共同构建数字新生态。同时，通过增强产业协同、激发企业活力和需求，为创新型企业和民营企业的参与创造更大的空间。另一方面，基于新型数字技术设施的各类大数据应用，将极大增强政府部门精准施策的能力，及时有效解决产业链中人员流动存在的"痛点"、物流运输存在的"堵点"、中小企业现金流存在的"断点"、原材料供应方面的"卡点"，以信息流带动人才流、物资流、资金流和技术流的高效流通，切实提升公共服务水平和社会治理能力。

## 二、新基建推动制造业数字转型发展迎来新拐点

制造业数字转型是通过新一代信息技术与制造业深度融合，全面提升制造业企业的数字化能力、网络化能力和智能化能力，从而实现生产运营全过程数据贯通、生产资源全要素网络协同和生产活动全场景智能应用。传统产业

数字改造和转型是"新基建"的价值所在,"新基建"将促进工业互联网、5G、人工智能、数据中心加速发展,为制造业高质量发展提供关键支撑。

## (一)工业互联网、大数据、人工智能等新一代信息技术是数字转型的重要驱动力

在疫情防控方面,新一代信息技术充分应用到监测分析、病毒溯源、患者追踪、人员流动和社区管理等各个环节。全国各省市自治区实施"大数据+网格化"社区管理,"国家重点医疗物资保障调度平台"为防疫一线精准调拨约6.5万台(套)医疗设备,"非接触"式便民服务、"屏对屏"招商引资加速推广,疫情期间政务服务"不掉线"。在复工复产方面,工业互联网平台通过提供物资汇聚、供需对接和动态调配等产品及服务,在缓解复工物资短缺、助力产业链协同复工复产等方面发挥了重要作用。新型软件产品帮助企业"云上"复工,江苏、山东、浙江、湖南、重庆等地推动近千余款软件产品免费使用。在经济社会稳定运行方面,线上招聘、共享员工、灵活就业有效缓解了疫情期间用工难、找工作难问题;一批在线教育平台和大学院校在线开放教育资源,力保抗疫期间"停课不停学";百度健康、京东健康等一批在线问诊移动应用上线,有效缓解抗疫期间医疗资源紧张的压力。在新动能培育方面,"智慧工厂"、无人工厂在钢铁、石化等行业推广应用,汽车、电子等行业依托工业互联网强化产业链协同作战能力,保证抗疫期间生产稳定。

## （二）疫情压力下，制造业数字转型需求激活，新基建基础支撑作用凸显

一方面，在疫情压力下，企业对新一代信息技术应用的需求得到激发。疫情造成的空间隔离，企业依托数据、算法、网络、平台等数字资源要素实现灵活运转，促使以往缺乏应用场景的数字技术有了落地发展的空间，从防疫、复工复产再到在线协同办公、远程教育、远程诊疗等需求急剧增长，云应用价值得到凸显，疫情对制造业发展的冲击倒逼我国制造业生产运营方式由线下转向线上线下融合，加速数字转型。另一方面，此次疫情冲击不仅是对线下实体产业的大考，更是对数字化产业的一场大考。前所未有的流量洪峰，导致一些在线应用软件崩溃，应对激增的在线需求、数据资源孤岛相互割裂、数据无法开放共享、数据驱动的精准决策能力不足等，都暴露了我国数字新基础设施的种种问题。因此，亟须立足我国实际情况，聚焦经济社会发展的重大需求，补齐短板、拓宽长板，前瞻性地布局数字基础设施建设。

## （三）新基建向产业加速渗透，促进新基建、新产业、新模式、新生态、新经济同步发展

互联网、大数据、人工智能等新一代信息技术是新一轮科技革命中创新最活跃、交叉最密集、渗透性最强的领域，通过在实体经济的深度应用，正引发传统产业系统性、革命性、群体性的技术革新和模式变革。一方面通过发挥新一代信息技术的创新引领作用，促进产业界跨专业、跨

领域、跨环节的多维度、深层次合作与联合攻关，以集成创新为引领实现融合领域新技术的系统性突破。另一方面通过激发数据这一核心驱动要素的潜能，从生产方式、组织管理和商业模式等维度重塑制造业，推动产业模式和企业形态根本性转变。因此，建设完善新型数字基础设施，推动新一代信息技术在制造业全要素、全产业链、全价值链的融合应用，加速产业数字转型，可推动新技术创新、新产品培育、新模式应用、新业态扩散和新产业兴起，实现制造业发展从量的积累、点的突破逐步转为质的飞跃和系统能力的提升，充分释放数字经济潜能。

### 三、以新基建为契机，加快制造业数字转型

后疫情时代的新基建浪潮中，加速发展工业互联网、5G、大数据中心、人工智能等，对于拉动数字经济发展，促进产业转型升级，助力制造业高质量发展同时面临着机遇和挑战，这是一项长期的系统性工程，不可能一蹴而就，应着力从以下六方面做好工作。

一是加大数字"新基建"建设力度。充分发挥工业互联网、5G、数据中心等新型基础设施的"头雁效应"，建设全国一体化的产业大数据平台，建立产业关键数据采集分析体系，提升现代产业智能治理水平。建设全国性的战略物资保障调度平台，强化产业应对突发事件的应急响应能力。完善工业信息安全保障体系，加快工业信息安全关键技术突破及产业化。

二是加强系统布局,组织实施制造业数字化转型工程。制定推广新一代信息技术发展应用关键亟需标准,推动企业上云、用云,全面深化研发、生产、经营管理、服务等环节数字技术应用,培育数据驱动型企业,鼓励企业以数字转型加快组织变革、业务创新和流程再造。

三是持续打造系统化、多层次的工业互联网平台体系。打造数据贯通、安全可靠的工业互联网平台,发展数字化管理、智能化生产、网络化协同、个性化定制、服务化延伸等新模式,培育工业电子商务、共享经济、平台经济、产业链金融等新业态,打造"云"上产业链,促进大中小微企业融合融通发展,提升产业整体竞争能力。

四是推动制定数据治理规范,促进数据开放共享。数据所有权的变化带来数据安全、隐私、伦理等现实问题,需要一套全新的法律法规、标准体系和科学研究,保证数据在统一框架下有序流动,在数据安全的前提下实现数据共享。加快推进国家数据共享交换平台建设,打通部门间数据壁垒,助力实现政府数据开放共享和高效管理,激活公共数据价值。

五是以信息化手段保障供应链安全。发挥大型平台企业和行业龙头企业的示范作用,通过工业互联网平台保障供应链的完整,建设工业互联网监测分析平台,开展产业链安全性评估,及时识别和预警产业发展风险,组织工业企业柔性转产和产能共享,强化我国在全球价值链上的地位,避免疫情冲击下产业链和供应链的外迁和替代。

六是打造工业互联网开源生态。开源能够有效解决局部封闭式环境中的数据获得和数据处理问题。支持工业互联网平台开源社区建设，聚集全国乃至全球众多开发者力量，加速重点开源项目培育，完善多方共赢的开源推进机制，推动开源成果在制造业重点行业和应用场景中开展先导应用，加速海量应用与技术研发的双向迭代，支撑经济社会健康高速发展。

# 第 20 章
# 新基建对文化产业的三个作用

原文题目:《新基建对文化产业的作用不止铺路,看这三点来读懂》,作者张铮,发表于腾讯研究院微信公众号(2020 年 5 月 3 日)。

2020 年 4 月 20 日,国家发展改革委就"新基建"概念和内涵做出正式解释:"新型基础设施是以新发展理念为引领,以技术创新为驱动,以信息网络为基础,面向高质量发展需要,提供数字转型、智能升级、融合创新等服务的基础设施体系。"同时提出新基建主要包括信息基础设施、融合基础设施、创新基础设施三个主要领域。从"新基建"在 2018 年提出,到此次正式划定范围,新基建瞄准的是以"信息"和"算力"领域技术创新带来的经济主战场和社会运行、城市发展的核心基础设施更新换代。新基建肯定不能被单纯理解成为对冲疫情影响临时提出、仓促上马的刺激计划,因为从"新型基础设施建设"最初提出,到此后多次党中央和国务院会议的决议,再到此次正式划定范围,新基建体现了当前党和国家对驱动经济社会发展的重要科技领域的前沿方向的精准把握,对我国来说,是早已谋划之中的,现在进行明确规划,启动实施政策,既顺理成章、水到渠成,又回应了当前世界范围科技应用领域的激烈竞争,更是解决党的十九大提出的主要矛盾的重要手段。当然,从另一角度,也不能否认新基建必然承担疫情冲击之下完成"六稳"[6] 工作,实现"六保"[7] 目标的作用,而且其规划、建设与实施必须充分考虑疫情施加

[6]"六稳"指的是稳就业、稳金融、稳外贸、稳外资、稳投资、稳预期,涵盖了我国目前经济生活的主要方面。

[7]"六保"指保居民就业、保基本民生、保市场主体、保粮食能源安全、保产业链供应链稳定、保基层运转。

影响的严重程度与深刻性。本文的主题是探讨新基建与文化产业的关系,我个人认为可以从三个层次加以理解。

## 一、理解第一层次:新基建丰富文化产品、服务

第一个层次是显而易见的,这是产品、服务层次。我们可以从过去 20 年、特别是我国"互联网+"战略实施之后"文化与科技融合"已经形成的模式与规律,展望新基建可能给文化产业带来的变化。主要包括三个方面。

第一,以技术催生新的行业,产生破坏式或颠覆式创新的文化科技,为文化产业贡献"新物种",就像近年来不断涌现而且当前市场结构基本定型的垂类直播、社交电商、网络游戏、网络文学、算法媒体等,新基建一定会为我们带来新的应用形态,进而带来新的行业,再进一步这些行业又会引起既有的市场结构发生变化。例如被列入"新基建"的卫星互联网,2020 年 4 月 25 日马斯克宣布他的 Starlink "星链计划"[8] 即将开始公测,这说明我国新基建瞄准的技术领域将迎来激烈竞争,也必然伴随深度的结构性的变革。

第二,变革既有行业,促进跨界融合,加速技术落地,正如互联网技术迭代下风起云涌的媒介融合彰显出的特点,新基建必然带来数字文化产业的新一轮的产业交融。如当前主流媒体"破圈入局"短视频领域,并显现出 MCN(多频道网络)化的趋势,游戏行业在 5G 加持下已经开始向"云

[8] 星链计划,是美国太空探索技术公司的一个项目,其设计理念是通过在太空搭建卫星组成"星链"网络,依靠这些互通的卫星和不同地理位置分布的地面基站,构筑一个覆盖全球的廉价太空通信系统。

游戏"转型，VR/AR等应用端产品会更加成熟和普及，几大运营商联合发布"5G消息"应用整合当前多个APP功能等，这些都可以看作是技术影响下新的4C融合（内容、算力、消费类电子产品、传播渠道）。

第三，改造商业模式与文化经济规律，例如在区块链技术广泛使用后，广泛的数字创意可以实现更加精准的版权定位，用户的创作、改编、加工的权益可以得到更好保障，数字文化产业的核心——版权——可以进一步放大和彰显价值，平台企业和生态企业、用户的商业运作模式会进行新一轮的变革；又如在古典互联网时代被提出并在社交媒体时代得到反复验证的"长尾理论"，或将在新的信息基础设施之上被打破，当所有媒体都成为社交媒体，笔者认为文化经济的"二八法则"将呈现新的趋势，供给和需求的匹配将呈现空前的算法支持下的协同。

## 二、理解第二层次：新基建促进我国文化势能转为文化动能

如果说新基建对文化产业影响的第一个层次是可见的，或者说是可以通过软硬件产品、服务被感知的，那么第二个层次需要结合4月9日《中共中央 国务院关于构建更加完善的要素市场化配置体制机制的意见》来理解，即新基建将在要素和市场层次对文化产业带来革新，促进产业升级，提升新旧动能转换效率，加速我国优秀传统文化积累的巨大文化势能转变为现代产业发展动能。

## 第五篇　新基建促进经济高质量发展

第一，这个文件中提及的土地、人才、资本、技术、数据五种重要的生产要素，对于文化产业（请注意，不仅是数字文化产业）来说都至关重要。要想实现要素的市场化配置，"完全信息"是必要条件，新基建，特别是数据中心、智能计算中心等算力基础设施的建设，将进一步破除市场信息流动的停滞或阻碍，让数据供给者掌握充分的决策依据。

第二，新基建的创新基础设施领域的建设，将使数量众多的文化产业中小微企业的共性需求得以满足。文化产业与其他行业相比，小微企业占比更大，但小微企业对于文化多元性的保持、多样文化需求的满足、社会创新的实现、广泛就业的提供至关重要。我国已经在过去十余年时间极力推动依托文化园区的公共技术服务平台建设，满足文化企业，特别是数字文化企业的特效制作、动漫渲染、后期合成等共性需求。但长期以来，这样的公共技术服务平台通用性差，运维成本高，收益慢，融资租赁等金融杠杆效果不显著，新基建中的创新基础设施的建设，将构筑起"准公共物品"形态的基础设施，可以采用共享经济的模式为更广泛的企业使用，也可以带来更多的"社会企业"。

第三，从要素市场化配置的角度来理解新基建对文化产业的作用，还涉及技术将更多的中华优秀传统文化进行符号化、数字化、网络化，从而唤醒沉睡的"文化资源"或激活沉淀的"文化资产"，助力其演化为产业可以使用的要素，并在更快的通路、更大的平台上成为文化产业的符号资源。例如，近年来风行的国学热、古风游戏，文博机构的"云看展",可以预期,新基建将为这些业态以及即将到来的新业态创造与传统文化相遇和相亲的机会。

## 三、理解第三层次:新基建助力文化治理能力现代化

我认为,新基建对文化产业影响的第三个层次,需要提升到党的十九届四中全会《中共中央关于坚持和完善中国特色社会主义制度、推进国家治理体系和治理能力现代化若干重大问题的决定》(下简称《决定》)的层面来理解。文化领域的治理体系需要进一步完善,治理能力需要进一步提升,这里固然有文化产业、文化事业的特殊性,但也体现在长期以来文化领域的治理体系与社会治理的其他体系的有机整合不足。例如,3月份在我国国内抗击疫情取得初步成果之后,各地旅游景点开始逐步面向民众开放,安徽黄山、北京香山、江苏苏州、河南新乡等多地景区都出现了人流拥堵的情况。这里体现的问题就不是技术问题了,而是治理思维和治理体系的问题,因为即使在4G技术支撑下,仍然可以实现对景区人流管理的预警与预测。可见,借助于新基建带来的由基础设施向上层建筑的全面深化改革,在全面提升国家治理体系和治理能力现代化的进程中,去更新文化治理手段和治理模式,才能更好地助力文化发展,真正让文化自信成为"更基础、更广泛、更深厚"的自信。

第一,新基建的产业互联网、智能交通基础设施、物

联网等，将为文化产业向生活方式产业、幸福产业进步带来更细颗粒的技术解析手段。新基建可以更好地将广大人民群众的文化新需求进行分析、萃取、提炼，可以更加精准地为供给侧提供需求侧的依据，从城乡、阶层、地域等角度提供数据依据，从而为特色文化产业发展，为公共文化服务体系的完善，为更好地保障人民的文化权益和实现个体的高质量发展提供数据决策依据，从而促使文化产业与文化事业更好地结合与协同发展。

第二，新基建将为社会主义核心价值观引领文化建设制度提供技术保障。《决定》中提出的"把社会主义核心价值观要求融入法治建设和社会治理，体现到国民教育、精神文明创建、文化产品创作生产全过程""覆盖全社会的征信体系""构建网上网下议题、内宣外宣联动的主流舆论格局，建设以内容建设为根本、先进技术为支撑、创新管理为保障的全媒体传播体系""建立健全网络综合治理体系，加强和创新互联网内容建设，落实互联网企业信息管理主体责任，全面提高网络治理能力，营造清朗的网络空间"等任务，都需要在新基建的新平台、新通道、新空间来实施和完成，这要求我们必须掌握新基建的新空间的话语权、辐射力和影响力，在技术迭代的基础上牢牢把握内容和意识形态的掌控权。

第三，新基建将使我国更加有效地捍卫文化安全，维护文化主权。上面提到，新基建中的很多领域，诸如卫星互联网，是全球技术竞争领域的核心尖端技术。毋庸置疑，这些技术的自主研发、自主生产，通过技术标准和专利等手段筑起宽深的"护城河",将成为维护国家"非传统安全"至关重要的步骤。进而言之,新基建也可以为我国的文化安全保驾护航,在越来越多的个人信息、企业经营信息、政府治理信息、文化内容资源与自然资源的标示信息等,越来越快速、便捷、无边界的网络流通之时,我们更加迫切地要求我国在新技术、新空间、新战场拥有抵御外来攻击和侵害的能力。因此,我认为,除了希冀新基建为民众带来"获得感和幸福感",我们还应对其构筑更为基础的"安全感"抱有更大的信心。

# 第 21 章
## 以强化政策协同保障"新基建"高质量发展

原文题目:《以强化政策协同保障"新基建"高质量发展》,作者王磊、吴绪亮,发表于腾讯研究院微信公众号(2020年3月16日)。

近来,"新基建"在产业界和资本市场的关注度陡然升温,被视为对冲当前经济下行压力、构筑科技创新和产业升级之基、支撑经济体系现代化的关键领域。国家加快"新基建"推进步伐,有其现实需要和战略逻辑,但有效推进"新基建"高质量发展,需要统筹解决好战略如何有效统筹、资金如何有效配置、风险如何有效防范等重大政策议题。

### 一、加快推进"新基建"正当其时

"新基建"是相对于以"铁公基"[9]为代表的传统基础设施而言的,主要指以 5G、人工智能、工业互联网、物联网为代表的新型基础设施。究其来源,"新基建"一词首次出现于 2018 年中央经济工作会议公报中,其中提到"我国发展现阶段投资需求潜力仍然巨大,要发挥投资关键作用,加大制造业技术改造和设备更新,加快 5G 商用步伐,加强人工智能、工业互联网、物联网等新型基础设施建设"。2020 年以来,为统筹做好疫情防控和经济社会发展工作,党中央、国务院多次提到要加快"新基建"部署步伐,深入领会中央所提"新基建"的背景和内容可以看到,5G、

[9] 这里的"铁公基"泛指铁路、公路、机场、水利等传统基础设施建设。也有专家将其表为"铁公机",狭指铁路、公路、机场等基础设施建设,本文取前者。

工业互联网、数据中心、物联网、产业互联网等信息网络基础设施不断被提及，由此可见信息网络基础设施才是"新基建"的重点领域所在。从国家部署"新基建"的会议语境看，主要方向包括：要大力发展先进制造业，推进智能、绿色制造；要统筹传统和新型基础设施发展，打造现代化基础设施体系；要扩大有效需求，发挥好有效投资关键作用，加快项目开工建设进度；要把在疫情防控中催生的新型消费、升级消费培育壮大起来，使实物消费和服务消费得到回补。显然，语境的丰富性再次凸显出加快"新基建"建设进度在当前形势下的紧迫性，也蕴含了增强科技创新、促进产业转型，稳定经济增长的战略要求。尤其在当前新冠疫情防控和复工复产进程中，以光纤宽带、4G/5G、数据中心、云计算等基础设施为支撑的互联网医疗、教育直播、在线办公、公共服务等产业互联网新兴业态呈现爆发态势，这为推进"新基建"的意义和必要性增加了新的注脚。

## 二、加快推进"新基建"的现实需要和战略逻辑

一方面，加快推进"新基建"是稳投资稳增长，确保短期经济社会稳定健康运行的现实需要。经过多年持续投资和增长，我国基础设施建设取得长足进步，但既有存量人均水平仍落后于发达国家，且在区域之间、城乡之间发展不平衡；从此次疫情防控来看，在富有高科技含量的"新基建"领域，如数据中心、云计算、5G等领域，社会需求旺盛，有必要加快补足短板。同时，考虑到传统基础设施

投资回报率的持续下行,"新基建"可以充分利用其自身通用目的技术(GPT)特性,在扩大有效投资规模、促进经济增长产生的同时,还可以发挥外溢效应,统筹带动传统基础设施如交通、电力、水利、管网、市政等领域向数字化智能化转型,提高其运行服务效率,以更好支撑国民经济发展。

另一方面,加快推进"新基建"是深化供给侧结构性改革,构筑现代化经济体系的战略举措。纵观历史,每一轮科技革命和产业变革浪潮中,"新型"基础设施(如蒸汽机、铁路、电力、电信、互联网等)都起到了夯实根基、助推发展的关键作用,对推动人类社会迭代演进和全球政治经济秩序变革产生深刻影响。近年来,美国、欧盟、日本和韩国等发达国家和地区高度重视对5G、人工智能、物联网、产业互联网等新型基础设施投资和建设,力争抢占全球新一轮科技和产业革命潮头,谋求未来国际竞争优势地位。以"新基建"赋能传统基础设施,继而实现现代化改造,既是继续深化供给侧结构性改革、促进产业转型升级、建设强大国内市场、满足人民群众对美好生活向往的重要举措,也是增强国家综合国力、提升全球竞争力和影响力的重要方略。

## 三、推进"新基建"高质量发展关键在于强化政策协同

推进"新基建"有效实施需解决如何落地、钱从哪里来、

效能如何高效发挥等关键问题。

首先，必须要做好统筹规划，明确发展重点和优先顺序，提升系统整体性。推进"新基建"建设既要体现基础设施内在的整体协同性、系统网络性要求，还要面向国家现代化发展全局的长远性和战略性要求。一方面，推进"新基建"既要加强与传统基础设施之间的统筹协调，还要加强新型基础设施彼此之间的相互照应，确保整个基础设施系统整体优化和协同融合，从而更好发挥其对经济社会发展的支撑带动作用；另一方面，要充分考虑我国仍是世界最大发展中国家的国情，推进"新基建"应明确发展重点和优先顺序，既要坚持集约高效、经济适用的原则，不宜过度超前，杜绝"形象工程"，也要遵循智能绿色、安全可靠发展要求。

其次，必须坚持政府引导和市场主导相结合的方式，畅通投融资渠道。3月4日，中央在研究当前新冠疫情防控和稳定经济社会运行重点工作时，提出"要注重调动民间投资积极性。"一方面，考虑到中央和地方财政收支都相对紧张，而且任何资金都有其"影子成本"，在推进"新基建"过程中，要优化财政投资方向和结构，更好发挥财政资金撬动作用，提高财政资金使用和配置效率；另一方面，进一步深化基础设施行业改革，完善政府与社会资本合作的法律政策框架，进一步加大市场准入放开力度，引导更多社会资本投资新型基础设施。

再次，必须强化"新基建"项目全生命周期管理，加强风险防控。推进"新基建"项目必须贯彻全流程、全生命周期的管理理念，对于涉及财政资金支持的项目，事前，要做好"新基建"项目技术可行性、经济可行性分析，以现实需求和潜在需求扩张为导向，加强成本收益评估，择优支持，确保投资风险和成本可控，投资综合收益最大化。事中，要管理好项目质量和实施进度，确保项目按照计划高质量完成。事后，要做好项目验收工作，确保经济适用，避免服务价高质次，无法达成项目目标。

最后，必须防范新基建项目"蜂拥而上"或重复建设，杜绝资源浪费。在项目落地实施过程中，要充分考虑各地实际需求、自然地理条件、网络布局基础，以整体优化基础设施网络为标尺，防止各地不顾条件、一拥而上、单兵突进，防止出现"烂尾项目"，造成无效投资、产能过剩和社会资源浪费，加重社会负担。此外，推进"新基建"有其内在要求和明确边界，要高度警惕"新瓶装旧酒"、"搭便车"等行为，避免被部分市场机构或媒体误导，产生政策偏差。

# 第六篇
## 细分领域，百花齐放

新基建是一个政府工作术语，其含义和范畴会根据发展形势及工作需要与时俱进。综合中央历次重要会议和国家发展改革委定义，新基建主要包括5G网络、云计算、数据中心、人工智能、工业互联网、卫星互联网、物联网和区块链等。本篇将选择其中的云计算、人工智能、区块链和工业互联网等热点领域进行阐述。

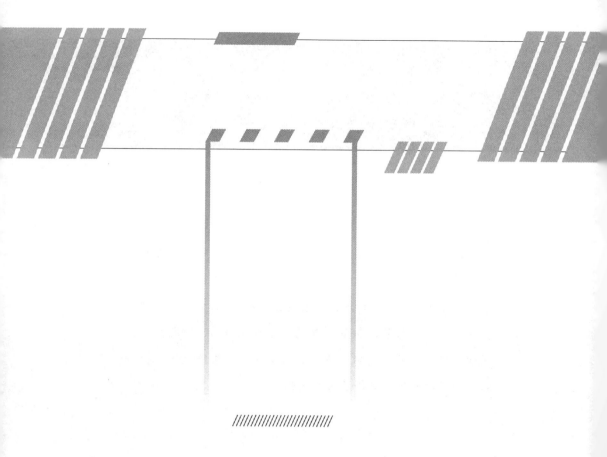

第六篇 细分领域，百花齐放

# 第22章
# 云计算是驱动数字经济发展的源动力

原文题目：《云计算是驱动数字经济发展的源动力》，作者闫德利，发表于《互联网天地》（2019年第1期）。

数字经济是继农业经济和工业经济之后的一种新的经济形态，其起源可追溯至1946年世界第一台电子计算机的诞生。20世纪90年代，以互联网为代表的新经济蓬勃发展，人们开始从经济系统的视角观察这一由比特驱动的经济形态，并正式提出了数字经济的概念。2006年云计算概念的提出，以及后来云的大规模普及应用，将数字经济发展推向一个崭新阶段。云计算成为驱动数字经济发展的源动力。

## 一、工业云真正释放数字经济的潜力

自云计算概念提出十余年来，云计算已经极大改变了企业的运行方式，特别是消费领域已普遍"接入云"，广大网民享受到无时无处不在的云服务。苹果、谷歌、亚马逊、Facebook、微软、腾讯、阿里巴巴等科技巨头，微医、微众银行、摩拜、快手等众多科技企业，其IT架构均置于云上；被Facebook以190亿美元高价收购的WhatsApp，仅有50名员工，被重视的重要原因在于采用了IBM公共云业务，大大减少了IT人员投入。

然而，这只是云的初级阶段，只是数字经济的初级阶段。制造业是数字经济的主战场。正如电由生活领域拓展到生产领域,从而进入新的阶段一样,云计算在工业领域的应用和发展,将推动数字经济进入新的发展阶段。GE的工业互联网平台Predix、西门子的Mindsphere,以及东方国信的Cloudiip,树根互联的"根云"平台,无不将打造工业互联网的云平台作为未来制胜的关键。继"插上电"之后,"接入云"将再次推动制造业的变革,引发新工业革命,释放数字经济的巨大潜力。

## 二、云计算是人工智能的强载体

人工智能被誉为"下一个数字前沿",云计算正是人工智能的强载体。

六十多年来,人工智能的发展起起伏伏。近年取得了实质进展,迎来了一轮新的发展高潮,对经济社会产生了巨大影响。突破人工智能关键技术障碍的是深度学习[1],而深度学习正是在云计算发展过程中取得了实质性进展。深度学习鼻祖杰夫·辛顿2013年在加拿大英属哥伦比亚大学的一次演讲中指出,深度学习以前不成功是因为缺乏三个必要前提:足够多的数据、足够强大的计算能力和设定好初始化权重。大数据和云计算为深度学习算法提供了海量数据和近乎无限的计算能力,打破了这两个限制人工智能发展的主要瓶颈。正如马化腾先生指出的,"未来就是在云端用人工智能处理大数据"。云计算、大数据、人工智能三者的发展相辅相成、相互促进、不可分割。云计算

[1] 深度学习(Deep Learning, DL)是机器学习(Machine Learning, ML)领域一个新的研究方向,目标是让机器能够像人一样具有分析学习能力,能够识别文字、图像和声音等数据。深度学习是一个复杂的机器学习算法,在语音和图像识别方面有非常重要且有效的应用。

为人工智能提供坚实基础，是人工智能发展的必不可少的强载体。

对于科技公司而言，云计算通过云端实现对软件、硬件和数据的分享，提供计算、存储和大数据分析工具，从而降低运营成本和市场进入门槛，增强市场竞争力，推动人工智能全面落地。除了利用云端服务加强深度学习研究，科技巨头们还积极着手，把云和人工智能连接起来。微软把云和人工智能作为两大支撑战略，谷歌的机器学习部门设在谷歌云之下，亚马逊亦将人工智能融入其 AWS 云服务架构之中。

### 三、云计算驱动智慧城市发展新格局

城市是人类文明的载体。经济形态的更迭，必将重塑城市发展格局。在农业社会，人们为了满足生活和灌溉需求，城市一般依河而建。四大文明古国均起源于大河之旁。当时世界上最繁华的城市——华夏四大古都，均依水而建。西安有"八水绕长安"之说，洛阳则是"洛水贯其中"，南京"襟带长江而为天下都会"；北京虽没有大江大河，但也河湖沼泽密布，元朝定都后即贯通系统大运河，使得"江南北国脉相牵"。世界上古老悠久的城市无不建于大河两岸，如塞纳河畔的巴黎、泰晤士河畔的伦敦、台伯河畔的罗马，济南、临淄、洛阳、汴京等城市更是因水得名。

农业文明是大河文明，工业文明是海洋文明。随着大航海时代来临，人类进入工业社会，全球化时代来临，国

际贸易日益兴盛，港口城市因占交通之便利，超越内陆沿河城市，成为繁华之所在。纽约、东京、悉尼、新加坡、香港等城市迅速崛起为国际大都市；我国民国时期的"南有上海滩，北有天津卫"，则是因海而生的写照。

传统的城市发展基于区位优势，依赖于江河湖海，"因水而生、因水而兴、因水而名"。数字时代，互联网成为连接世界的新途径，成为构建城市竞争力的重要资源。未来的城市发展是物理空间和网络空间的叠加与交融，区位优势固然重要，但智慧程度成为衡量城市发展水平的核心指标。

正如电的使用唤醒了工业革命的勃勃生机，云服务将使"计算"成为像水和电一样无所不在的基础设施。随着企业组织的IT架构加速向云端迁移，云计算成为经济发展和智慧城市建设的重要驱动力。城市发展开始由"在水边"向"在云端"演进，数字时代的城市必然是"云上之都"。硅谷、班加罗尔、贵阳、雄安等地区和城市，正是基于网络空间的打造，以"云"代"水"，给城市装上"超级大脑"，探索出了一条新的智慧城市发展道路。

## 四、结语

云计算在行业应用、数字前沿、智慧城市等方面的巨大变化，将驱动数字经济蓬勃发展。正如"用电量"之于工业经济，"用云量"也将成为衡量数字经济发展水平的新指标。

第六篇　细分领域，百花齐放

　　第二次工业革命以电气化为核心特征，由电驱动。电重新定义了动力，动力设备由蒸汽机变为电动机，充分释放了工业革命的潜能。正是基于电的基础作用和通用意义，"用电量"成为衡量经济发展水平的重要指标。英国《经济学人》杂志在 2010 年推出"克强指数"（Li Keqiang Index），用于评估中国 GDP 增长量，即通过耗电量、铁路货运量和贷款发放量来分析经济运行状况。"耗电量"位列三大核心指标之一。

　　云是数字经济的基础设施，是驱动新一轮工业革命的核心驱动力，云化升级是核心特征。云将重新定义智慧，开启从解放体力劳动到解放脑力劳动的转变，促进数字红利的充分释放。"用云量"成为衡量经济发展的新指标。

　　数字时代，云计算至关重要。

# 第23章
# 理解"云量贷",设想"用云券"

原文题目:《理解"云量贷",设想"用云券"》,作者吴朋阳,发表于腾讯研究院微信公众号(2020年4月27日)。

2020年4月7日,国家发展改革委、中央网信办联合印发《关于推进"上云用数赋智"行动 培育新经济发展实施方案》[2](以下简称《实施方案》)。其中首次提出了"云量贷"的新概念,以强化数字化转型金融供给。"云量贷"创造性地将数字技术与金融服务结合,通过"政—金—产—数"(政府、金融、产业、数字技术)四方联动的新模式,为企业加快数字化提供了新的获助便捷通道。但"云量贷"也存在局限性,难以覆盖那些数字化水平较低但转型意愿强的企业。未来可考虑在"云量贷"基础上设计更具针对性的帮扶产品如"用云券"等形成组合,同步解决广大中小微企业"没钱转""不会转"乃至"不敢转"的三大难题,系统化加快各产业数字化的整体跃升。

## 一、什么是"云量贷"?

"云量贷"即以企业用云等情况为依据提供的金融贷款。《实施方案》指出,"云量贷"服务是"结合国家数

---

[2] 国家发展改革委 中央网信办印发《关于推进"上云用数赋智"行动 培育新经济发展实施方案》的通知,2020年4月7日。https://www.ndrc.gov.cn/xxgk/zcfb/tz/202004/t20200410_1225542.html

字经济创新发展试验区建设，鼓励试验区联合金融机构，探索根据云服务使用量、智能化设备和数字化改造的投入，认定为可抵押资产和研发投入，对经营稳定、信誉良好的中小微企业提供低息或贴息贷款，鼓励探索税收减免和返还措施。""云量贷"创造性地将数字技术与金融服务结合，突破了传统以资金和固定资产抵押贷款为主的"重"模式，提供结合数字化使用情况为信用参考的无抵押贷款，"轻"模式为广大资金和资产有限的中小微企业提供了便利。

## 二、"云量贷"的意义？

"云量贷"将保护和鼓励企业数字化发展。马化腾在2017年就提出了"用云量"的概念[3]。他认为和工业时代的"用电量"相似，"用云量"将成为数字时代经济发展的重要指标。用云量的高低，能够显示出数字经济的规模与活跃情况。但由于很多数字应用免费，其大量的数字经营活动可能不直接产生资金往来，使得相应的经营效果不能直接体现在财务报表上。这导致有些数字化经营做得好但还未充分变现的企业，难以获得传统金融贷款等支持。而基于"用云量"提供的"云量贷"，则能为这些企业特别是中小微企业，增加一个金融获助的便利通道，同时还能鼓励企业继续增加数字化转型投入以获得资金支持。

---

[3] 马化腾：工业时代看"用电量" 数字经济更看重"用云量"，腾讯科技，2017年5月28日。https://tech.qq.com/a/20170528/022068.htm

## 三、"云量贷"怎么做？

"云量贷"开启了"政—金—数—产"四方联动的新模式。第一个"云量贷"案例发生在2020年3月的上海，西井科技成功快速获批上海银行的1000万元贷款。这一创新服务的成功落地，是政府、金融机构、数字服务商和产业企业四方有效联动的结果。一是政府为金融信贷创新提供政策保障。上海市政府2月份发布《上海市全力防控疫情支持服务企业平稳健康发展的若干政策措施》，允许和鼓励多途径为企业提供资金、流动性和融资担保等支持。二是金融机构勇于开展金融服务创新。上海银行积极实施灵活的信贷政策，主动联合数字服务商研究推出全程线上化的"云量贷"服务。三是数字服务商贡献技术资源、通力合作。优刻得公司将其云平台上客户的用云情况等数据和分析能力提供给上海银行，作为客户贷款的信用依据，并将优质客户推荐给银行。四是企业授权数据服务商可对外使用其特定数据。西井科技授予优刻得用公司云情况等数据的使用权，使上海银行能够利用"云量贷"服务完成信用评估和贷款实施。

## 四、"云量贷"的局限性？

仅靠"云量贷"难以覆盖所有企业的不同情况。从目前市场响应看，"云量贷"还没涌现出更多案例，可能反映出其在落地上存在一定局限。"云量贷"目前还局限在国家划定的试验区内，能开展的企业还不多。再加上"云

第六篇 细分领域，百花齐放

量贷"基于数字化的投入和使用情况，真正能惠及的企业就更少了。数字化水平中低的企业，可能很难通过这项服务获得足够的资金。实际上在我们前不久刚完成的企业调查中发现[4]，正是数字化水平偏中低（20%~40%工作环节实现数字化）的企业，预计需要增加IT投入的比例最高（超过50%），同时这些企业的大部分（61%）反映现金流紧张是主要的经营困难之一。"云量贷"服务目前的设计逻辑，较难覆盖这类数字化水平低、投入意愿高但缺资金的企业。

[4] 腾讯研究院，《疫后企业数字化生存调查报告》，2020年4月17日。https://tisi.org/14122

## 五、"云量贷"之外的扩展空间？

企业数字化转型扶持需要体系化的"组合包"。《实施方案》指出，我国企业数字化转型目前面临的三大困难，分别是"不会转""没钱转""不敢转"。"云量贷"能解决其中部分企业"没钱转"的问题，但要全面扫除企业转型障碍，需要有针对性地设计更多帮扶政策产品与"云量贷"形成组合，例如下述三种情形。

一是针对"没钱转"企业，可考虑推出类似C端"消费券"的B端"用云券"或"数字券"。政府可设置产业数字化扶持专项补助转化为"用云券"发放给企业，企业可用券进行云等数字化软硬件及服务的支付。一方面，可以覆盖更多数字化水平低但有需求的企业，填补"云量贷"的局限；另一方面，可以让企业从自身需求出发，更灵活地选择合适的数字化服务商，不局限在试点示范的范围内。数字化服务商收到"数字券"后,可向政府主管部门兑换为相应的专项资金补助而获得收入,实现商业闭环。与直接补助、提供免费数字化服务相比,这种方式更容易帮助企业建立数字化的"成本"概念,有利于市场长远健康发展。

二是针对"不会转"企业,可扩展"数字券"用于购买企业数字化培训等软服务。中小微企业普遍面临数字化基础薄弱、能力有限的问题,帮助企业数字化的培训服务就成为必需。这些服务的成本对很多中小微企业而言是不小的负担,他们往往不愿意为此支付成本,这也就成为它们无法启动数字化转型的首要障碍。通过扩展"数字券"可用于购买兑换企业数字化转型培训,一方面企业的资金障碍消除了,更愿意进行学习和提升;另一方面数字化服务商可以通过收取"数字券"获得相应收入,有利于其招募建设更专业的师资团队,更高质量、更大范围地开展针对性培训,帮助企业更快地进行数字化。典型如"云开发"小程序在疫情期间很受欢迎,就在于快速培训辅导就能帮助企业掌握上云开展应用的便捷方法。

三是针对"不敢转"企业,可采用"数字券"合用优惠券等方式激励多企业联合开展数字化。企业数字化不仅考虑自身需要,更要考虑产业链上下游的协同。很多企业不敢加快数字化转型,是因为缺乏借鉴经验和同行伙伴,尤其是人工智能、区块链等投入大、不确定性高的新技术应用。针对这类问题,可推出多企业合用"数字券"的优惠方案。企业联合其上下游、合作伙伴等可同时使用多份"数字券",购买同一项或不同项的数字化服务,并可获

第六篇 细分领域，百花齐放

得"数字券"反赠、折扣及其他增值服务。除此之外，政府还可联合数字化服务商，通过合用优惠券挖掘企业体现出的产业共性需求特征，作为建设产业数字化公共服务平台的输入，进而以更普惠、更方便的形式，帮助更多企业完成数字化转型的整体跃升。

总而言之，无论是当前的"云量贷"还是畅想中的"用云券"或"数字券"，都只是提供了一种加速产业数字化转型的可能性。产业数字化转型的真正实现，还需要"政—金—产—数"四方有效联动，在足够包容的环境下勇于创新、不断突破。从远期发展来看，短期的帮扶应同步考虑如何牵引整体数字化市场机制的建立健全，使产业数字化具备持久的价值创造力和生命力。

新基建

# 第 24 章
# 建造 AI 伦理"方舟",承载人类自身责任

原文题目:《建造 AI 伦理"方舟",承载人类自身责任》,作者司晓,发表于《互联网天地》(2018 年 12 期),首发于腾讯研究院微信公众号(2018 年 12 月 6 日)。

过去几年,随着技术的发展,各种包含人工智能技术的产品走入大众生活的方方面面。从新闻客户端中越来越"懂你"的信息流,到开始尝试在封闭道路上自动驾驶的汽车。但是,人工智能这个"仆人"真的忠诚吗?或者说,人工智能只需要遵守"忠诚"一条伦理准则吗?当越来越多的人工智能机器人承担了原本由人类承担的工作,人工智能伦理问题成为了技术行业、监管机构和大众最为关注的问题。

如果为人工智能建立伦理框架,未来人工智能应该做到"可知""可控""可用"和"可靠"。一个新技术的诞生本身无关好坏,但通过伦理法律和各种制度设计确保这些技术成为"好的技术"是人类自身的责任。

## 一、数据和算法重塑世界,带来诸多法律、伦理、社会问题

当前的人工智能发展浪潮很大程度上受益于我们在使用互联网过程中积累的大量数据。如今,互联网连接了世界一半以上的人口,仅在中国便有 8 亿多网民。但互联网

在带来便利与效率的同时，也带来了风险，尤其是在大数据和人工智能大范围驱动日常生活的时代。算法决定着我们阅读的内容，决定着我们的目的地以及出行方式，决定着我们所听的音乐，决定着我们所购买的物品及其价格。自动驾驶汽车、自动癌症诊断和机器人写作等新事物正以前所未有的速度接近大规模商业应用。

因此，在某种程度上，将数据比喻为"新石油"，将人工智能比喻为"新钻头"并无不妥，而故障算法及其带来的负面影响则可比喻为由此产生的"新污染"。但要注意的是，算法故障不等于有恶意。因为善意并不能保证算法不导致任何法律、伦理或社会问题。在人工智能领域有相当多这样的例子，例如，由于技术意外、缺乏对问题的预见或技术上难以监督监管、责任分散导致的隐私侵犯、算法偏见和滥用等。此外，一些研究人员开始担心智能机器人将取代人类劳动力，导致社会失业率上升。

很多人认为，人工智能伦理还是一个科幻议题，但其实麻烦已经迫在眉睫。最近几年，一系列涉及 AI 不端行为的新闻频频出现在新闻客户端；面部识别应用程序将非洲裔美国人标记为大猩猩，将国会议员标记为刑事罪犯；美国法院使用的风险评估工具对非洲裔美国人持有偏见；"优步"[5]的自动驾驶汽车在亚利桑那州撞死了一名行人；Facebook 和其他大公司因歧视性广告行为而被起诉。

---

[5] 指的是美国优步公司（Uber Technologies,Inc.），是一家美国硅谷的科技公司，提供出租车打车应用平台服务。

## 二、需要为人工智能发展应用建立伦理框架

在过去几十年中,对技术伦理的研究经历了三个阶段。第一阶段的研究主要集中在计算机上。在此期间,各国颁布了大量有关计算机使用、欺诈、犯罪和滥用的伦理准则和法律,大多数规则今天也仍然适用。第二阶段则集中在互联网领域,创建了规范信息创建、保护、传播和预防滥用的伦理原则和法律。现在,这个研究领域已经悄然进入全新的第三阶段,焦点集中在"数据和算法伦理"之上。未来,我们将需要有关人工智能开发和利用的伦理框架和法律。如何为人工智能制定伦理是全人类都没有遇到过的问题,我们正在向无人区航行,需要原则和规则作为指南针,来指导这次伟大的"探险",而技术伦理则是这套原则和规则的核心。当前,一些政府部门和行业协会已开始尝试建立这样的伦理框架,显著的例子包括阿西洛马人工智能原则,以及 IEEE 的伦理标准和认证计划。

## 三、以"四可"原则打造人工智能的伦理"方舟"

2018 年 9 月,腾讯董事会主席兼首席执行官马化腾在上海"2018 世界人工智能大会"上提出人工智能的"四可"理念,即未来人工智能是应当做到"可知""可控""可用"和"可靠"。笔者将"四可"翻译为"ARCC"(Available, Reliable, Comprehensible, Controllable,读作 ark,寓意"方舟"),正如传说中拯救人类文明的"诺亚方舟"一样,人工智能领域的"伦理方舟"(ARCC)也

将在未来几千年确保人类与机器之间友好、和谐的关系。因此，这四项原则值得深入探讨。

## （一）可用（Available）

这一原则要求尽可能多的人可以获取、利用人工智能，而不是为少数人所专享。我们已经习惯于使用智能手机、互联网、应用程序及其带来的便利，而往往忘了还有半个世界被隔绝在这种"便利"之外。人工智能的进步应该解决这个问题，而不是加剧这个问题。我们应该让欠发达地区的居民、老人以及残障人士回到数字世界中来，而不是将数字鸿沟视为既定事实。我们需要的人工智能应当是包容的、可被广泛共享的技术，并将人类的共同福祉作为其唯一发展目的。只有这样，我们才能确定人工智能不会让少数人的利益凌驾于大众之上。

以最近医疗机器人的发展为例，腾讯医疗 AI 实验室开发的"觅影"目前正与数百家地区医院的放射科医生合作。这种癌症预筛查系统目前已经审查了数十万张医学影像，鉴别出数万个疑似高风险病例，并将这些案例转交给人类专家进行进一步判断。这项技术使医生免于繁重的影像判断工作，从而有更多的时间来照顾病人。让机器和人类各司其职，在这种情况下，医生与看似危及其工作的机器和平相处。

此外，可用的人工智能还应当是公平的。完全遵循理性的机器应该是公正的，没有人类的情绪化、偏见等弱点。但机器的公正并不是想当然存在的。最近发生的事件，如聊天机器人使用粗俗语言等，表明当给人工智能"喂养"了不准确、过时、不完整或有偏见的数据时，机器也会犯和人类一样的错误。对此，必须强调"经由设计的伦理"（ethics by design）理念，也就是在人工智能的开发过程中就要仔细识别、解决和消除偏见。可喜的是，政府部门和互联网行业组织等已经在制定解决算法偏见与歧视的指导方针和原则。谷歌、微软等大型科技公司也已建立了自己的内部伦理委员会来指导其人工智能研究。

### （二）可靠（Reliable）

人工智能的应用（如机器人等）已进入普通家庭，我们需要保证这些人工智能是安全的、可靠的，能够抵御网络攻击和其他事故。以自动驾驶汽车为例，腾讯目前正在开发3级自动驾驶系统，并已获得在深圳市进行道路测试的许可。在获得道路测试许可前，腾讯的自动驾驶汽车需要在封闭场进行累计超过1000公里的封闭测试，以确保道路测试的安全。但由于相关的认证标准和法律规定有待确定，目前道路上还没有投入商用的真正的自动驾驶汽车。

此外，人工智能的可靠性还应当确保数字安全、物理安全和政治安全，尤其是对用户隐私的保护。由于人工智能研发需要收集个人数据以训练其人工智能系统，研发者在这一过程中应当遵守隐私要求，践行"经由设计的隐私"（Privacy by Design）理念，通过一定的设计保护用户的隐私，防止数据滥用。

## （三）可知（Comprehensible）

深度学习等人工智能方法的流行，使得底层的技术细节越发隐秘，可谓隐藏在一个"黑盒"中。深度神经网络的输入和输出之间还有很多隐藏层，这使得研发人员可能都难以了解其实现细节或规则。因此，当人工智能算法导致车祸时，调查其技术原因可能需要花费相当长的时间。

幸运的是，AI 行业已经开始对可理解的 AI 模型进行研究。算法透明是实现可理解人工智能的一种方式。虽然用户可能不大关心产品背后的算法细节，但监管机构需要深入了解技术方案以便进行监管。无论如何，就 AI 系统直接做出或辅助做出的决策，向用户提供易于理解的信息和解释，都是值得鼓励的。

为了建立可知的人工智能，应该保证并鼓励公众参与和个人权利的行使。人工智能开发不应只是企业的秘密行为。作为最终用户的公众可以提供有价值的反馈，有权质疑可能造成伤害或难堪的机器决策，这有助于开发更高质量的人工智能。

此外，可知的人工智能要求企业提供必要的信息，也即科技公司应当向其用户提供有关 AI 系统的目的、功能、限制和影响的足够信息。

## （四）可控（Controllable）

可控原则目的在于，确保人类始终处于主导地位。从数千年前的文明曙光，到今日的科学技术发展，人类始终控制着自己的造物，AI和任何其他技术都不应当成为例外。只有确保机器的可控性，人类才能在机器出差错、损害人类利益时，及时阻止事态恶化。只有严格遵循可控原则，我们才能避免霍金和马斯克等名人所描绘的科幻式的噩梦。

每一次创新都会带来风险。但是，不应该让这些担忧和恐惧来妨碍我们通过新技术迈向更好的未来。我们应该做的是确保利用AI的好处并规避潜在的风险，包括制定并采取适当的预防措施，以防范潜在的风险。

## 四、建立人工智能信任，需要一套规则体系，伦理原则只是起点

就目前而言，人们还无法完全信任人工智能。我们经常能听到批评自动驾驶汽车不安全、过滤系统不公平、推荐算法限制选择自由、定价机器人导致更高价格等抱怨的声音。这种根深蒂固的怀疑来源于信息的匮乏，我们大多数人要么不关心，要么没有足够的知识来理解人工智能。对此我们应该如何行动？

应该提议的是，以伦理原则为起点，建立一套规则体系，以帮助人工智能开发人员及其产品赢得公众的信任。

规则体系的最左端，是软法性质的规则，包括非强制性的社会习惯、伦理标准和自我行为规范等，以及笔者所说的伦理原则。国际上，谷歌、微软和其他一些公司已经

提出了它们的 AI 原则，且"阿西洛马人工智能原则"和 IEEE 的 AI 伦理项目也得到了很高评价。

随着规则体系的坐标右移，我们有强制性的规则，例如标准和法律规范。2018 年发布的一份关于自动驾驶汽车的政策研究报告显示，许多国家正在研究制定鼓励和规范自动驾驶汽车的法律规则。可以预见，未来各国也将制定关于人工智能的新法律。

随着规则体系的坐标继续右移，我们可以通过刑法惩罚恶意使用人工智能的行为。在规则体系的最右端，则是具有最大约束范围的国际法。

一些国际学者正在积极推动联合国提出关于禁止使用致命自动化武器的公约，就像禁止或限制使用某些常规武器的公约一样。

最后，无论是核技术还是人工智能，技术本身是中性的，既非善也非恶。赋予技术价值并使它们变得美好是人类自身的责任。

# 第 25 章
# 区块链为什么上升为国家战略技术

原文题目：《区块链为什么上升为国家战略技术？》，作者徐思彦，发表于腾讯研究院微信公众号（2019年10月28日）。

2019 年 10 月 24 日下午，中共中央政治局就区块链技术发展现状和趋势进行第十八次集体学习。习近平总书记在主持学习时强调，区块链技术的集成应用在新的技术革新和产业变革中起着重要作用。我们要把区块链作为核心技术自主创新的重要突破口，明确主攻方向，加大投入力度，着力攻克一批关键核心技术，加快推动区块链技术和产业创新发展。他指出，区块链技术应用已延伸到数字金融、物联网、智能制造、供应链管理、数字资产交易等多个领域。目前，全球主要国家都在加快布局区块链技术发展。我国在区块链领域拥有良好基础，要加快推动区块链技术和产业创新发展，积极推进区块链和经济社会融合发展。

会上总结了区块链的"五大作用"，分别是"促进数据共享、优化业务流程、降低运营成本、提升协同效率、建设可信体系"，要抓住区块链技术融合、功能拓展、产业细分的契机，发挥区块链的作用。

在此次集体学习中，习近平总书记对我国的区块链发展提出了更高的要求：（1）国际竞争方面，要努力让我国在区块链这个新兴领域走在理论最前沿、占据创新制高点、取得产业新优势；提升国际话语权和规则制定权；（2）国内社会治理方面，要发挥区块链在促进数据共享、优化业务流程、降低运营成本、提升协同效率、建设可信体系等方面的作用。例如，推动供给侧结构性改革、实现各行业供需有效对接，加快新旧动能接续转换、推动经济高质量发展。

总书记的重要讲话高屋建瓴，触及行业本质，将区块链的现状、机遇、突破点一一厘清。此次重要讲话有充分的调查研究准备，显示出我国发展区块链技术的坚定决心，对促进各部门、地方政府及相关企业重视区块链技术推动区块链行业发展有巨大推动作用，对行业发展无疑具有重大的指导意义。

以下我们将就讲话中涉及的几个关键问题进行解读。

## 一、区块链为什么上升为国家战略技术？

政治局讲话中，首先给区块链技术做了定调：

（1）区块链是全球性争夺技术。

（2）区块链对社会的整个技术和产业领域都会发挥重要作用。

（3）中国有很好的基础，区块链技术未来会全面融入经济社会。

针对以上三点我们认为，区块链被定调为国家战略技术，背后有三个原因：

第一，**科技导向**。目前，全球主要国家都在加快布局区块链技术发展。在区块链技术发展上，中国正在抢占跑道。在中美贸易摩擦的大背景下，中国企业越来越强调对最核心的"硬技术"的掌控，从政府政策引导来看，也更加鼓励企业进行区块链核心技术的自主创新。讲话中"最前沿""制高点""新优势"三个词无疑说明中国在区块链竞争领域的目标确定而唯一：就是争夺第一。

第二，**产业导向**。此次讲话指明了区块链技术要服务实体经济。总共千余字的讲话5次提到了融合。区块链技术的关键在于"融合"。区块链技术一定要解决某一领域的具体问题，这就要求区块链技术能深入到具体场景中。区块链技术在产业应用中，也不是一个点的应用，更多是融合的应用。用总书记的话来说，就是"打通创新链、应用链、价值链"。

第三，**民生导向**。区块链技术不可篡改、多方参与的特性是提升社会治理的重要工具。区块链在民生与公共服务领域有天然的优势，未来在教育、就业、养老、精准扶贫、医疗健康、商品防伪、食品安全、公益和社会救助等方面的应用价值会逐步显现出来。

## 二、如何实现区块链与产业的融合发展？

可以看出，国家政策所鼓励的区块链与几年前自然生长的区块链行业有显著的不同。鼓励的是将区块链作为一门技术，与传统或其他产业相结合实现赋能与价值提升。

## 第六篇  细分领域，百花齐放

这与今年热门的产业互联网具有异曲同工之妙，重点不仅在于技术本身，更在于其与传统行业结合的应用场景。

2019年11月，腾讯发布的《2019腾讯区块链白皮书》提出了区块链与产业融合的逻辑和路径：一方面助力实体产业，另一方面融合传统金融。

区块链通过点对点的分布式记账方式、多节点共识机制、非对称加密和智能合约等多种技术手段建立强大的信任关系和价值传输网络，使其具备分布式、去信任、不可篡改、价值可传递和可编程等特性。区块链可深度融入传统产业，通过融合产业升级过程中遇到的信任和自动化等问题，极大地增强共享和重构等方式助力传统产业升级，重塑信任关系，提高产业效率。

从发展阶段来看，区块链对产业的赋能可以分为三步：

第一步，解决中心化系统的弊端，比如数据透明度和数据隐私保护问题，强调增信，增强数据可信度，强化数据公信力。例如，存证项目，存，即数据上链；证，即证明数据不可篡改。目前，腾讯区块链涉及的项目基本都在设法解决第一层问题。

第二步，区块链用多中心方式结合智能合约等技术解决多方信任协作问题，在数据增信的基础上，重塑信任关系和合作关系，比如腾讯微企链解决的供应链融资问题，促进了小微企业、核心企业以及金融机构等参与方的信任协作关系。

第三步，也是想象空间最大的一步，就是数字资产，未来会有越来越多的资产数字化和数字资产化。习近平总书记的讲话第一次出现"数字资产交易"，将数字货币定性为金融创新。作为一种价值技术的通用平台，区块链可以帮助传统产业实现在数字世界的流转，也可以通过确权让数据、IP等无形资产数字化，进行交易。这是未来数字经济的重要基础，也具有重构金融潜力。

## 三、三大领域如何服务实体经济？

长期以来，区块链作为一种相对后端的技术其实并不能被用户感知。一些真正使用区块链技术提升效率与安全性的项目，往往并不会直接让用户感觉到区块链的作用。而使用区块链三个字对公众宣传的项目，往往实际上又并不是真正对大众有益的项目。

此次政治局集体学习提出民生、经济和政务三大领域作为产业融合的突破口，区块链可以实质地服务于看得见摸得着的实际领域。

**在民生领域**，积极推动区块链技术在教育、就业、养老、精准脱贫、健康医疗、商品防伪、食品安全、公益、社会救助等领域的应用，为人民群众提供更加智能、更加便捷、更加优质的公共服务。提升城市管理的智能化、精准化水平；在智慧城市场景，区块链底层技术服务将与新型智慧城市建设相结合，探索在信息基础设施、智慧交通、能源电力等领域的推广应用，提升城市管理的智能化、精准化水平。在区块链基础设施的支持下，城市间在信息、资金、人才、征信等方面将有更大规模的互联互通，提高生产要素在区域内的有序流动。

**在经济金融领域**，传统金融行业的发展存在着诸多业内难以解决的问题，例如增信、审核等环节成本高，结算环节效率低，风险控制代价高以及数据安全隐患大等。而区块链具备的数据可追溯、不可篡改、智能合约自动执行等技术特点，有助于缓解金融领域在信任、效率、成本控制、风险管理以及数据安全等方面的问题。

区块链可以实现信用穿透，证明债权流转的真实有效性。金融机构可以在征信方面节约大量成本，放心地向企业、个人提供贷款，解决中小企业贷款融资难、银行风控难、部门监管难等问题；贸易领域可以省略大量的纸面工作，监控物流环节，防止欺诈。

作为金融活动的基础性技术支撑，支付清结算业务在区块链金融创业项目中占主导地位，因为支付几乎和一切社会经济活动紧密相关。区块链不仅能大幅降低交易成本、增加资金流动速度、提高支付效率，还有利于降低参与方门槛，促进全球跨境贸易的发展，进而有望变革全球支付体系和数字资产形态，构筑分布式商业生态。

**在政务领域**，探索利用区块链数据共享模式，实现政务数据跨部门、跨区域共同维护和利用，促进业务协同办理，深化"最多跑一次"政务服务改革，为人民群众带来更好的政务服务体验。

腾讯研究院2017年6月发布的《区块链如何重塑公共服务：两种路径和三大挑战》报告指出，区块链在公共服务领域的应用主要围绕四个类型开展：身份验证、鉴证确权、信息共享和透明政府。我们最常说的区块链最核心的特征是"去信任"，对于天然带有强信誉的政府机构来说并非"刚需"。反而，区块链系统中的附带特点"账本共享""信息共享"可以改变公共服务中很多关键领域，如数据存储、共享与溯源，与政府日益公开化、透明化的目标高度一致，可以解决现代政府治理中面临的诸多棘手问题，包括腐败问题、政府信息公开问题、社会福利问题、税收问题等。区块链技术不仅仅意味着无纸化办公、效率成本优化，还意味着从数据管理流程的优化到治理思维的一系列转变。

### 四、区块链融合实体经济已经有哪些落地的应用？

2018年前后，区块链和数字货币领域经历了从被追捧到泡沫再到低谷的大起大落，这同时也是大浪淘沙去伪存真的过程。区块链和数字货币领域经过一轮又一轮的风暴和泡沫，除去虚假的繁荣，我们已经看到一批在波浪中前行的区块链项目已经开始实现最初的愿景，从概念验证走向规模化落地。

以腾讯为例，致力于成为企业间价值连接器的腾讯区块链，一直坚持两件事：强化平台能力和做深做细应用场景。尤其是对于信任需求敏感或对数据真实性要求高的场景均有大量的尝试和落地项目。在已落地的腾讯区块链应用中，区块链电子发票项目"税务链"、供应链金融项目"微企链"、司法存证项目"至信链"和城商行银行汇票项目均取得一定的成果。

其中，区块链电子发票自 2018 年上线一年来，开出电子发票 600 万张，累计开票金额达 39 亿元，覆盖超过 113 个明细行业；"微企链"极大改善了小微企业融资困境，提高了核心企业的运营效率和竞争力，已获深交所无异议函和储架规模 100 亿元；"至信链"打通了全国唯一的移动端诉讼平台——中国移动微法院，多家高级人民法院加入至信链成为权威节点，当前链上存证数据超过千万条；城商行银行汇票共部署 48 个区块链节点，每日开票约 200 张，创新性地激活了存量客户，有效防范票据市场风险。与此同时，通过腾讯云区块链 TBaaS 的输出能力，把区块链服务平台化，降低企业使用区块链的门槛，加速区块链应用落地。

## 五、产业区块链发展将迎来黄金期

事实上，中国是较早在区块链领域进行国家级战略布局的国家之一。早在 2016 年 1 月，区块链即被首次作为战略性前沿技术被写入《"十三五"国家信息化规划》，此后，多个省、市、自治区相继发布相关政策，在市场上掀起了区块链研发与投入的热潮。而此次将区块链设为"核心技术创新突破口"，并为区块链技术如何给社会发展带来实质变化指明方向，这前所未有的重视高度，会推动中国在该领域更快、更高效地发展。

作为新兴前沿技术，区块链还没有形成强大技术壁垒，世界各国实际上基本处于同一起跑线。中国要在此领域实现核心技术突破，束缚和阻碍更小，更容易走在理论最前沿、占据创新制高点、取得产业新优势。此外，无论是在技术、产业、人才还是在政策上，中国都拥有良好基础，具有形成快速突破的土壤。

扎克伯格10月24日在Libra听证会上的言论已清晰表明，在移动支付领域，支付宝、微信支付已具有领先优势，美国只有加大创新，才可能在Libra等新型数字货币上赶超。支付仅仅是区块链创新的冰山一角，整个由区块链重构的价值互联网，通过区块链技术重塑结算、提升产业效率乃至改革货币体系，会将数字经济带入更高的阶段。

此时，总书记的讲话可谓高瞻远瞩、及时得当，为我们争夺国际标准话语权打了一针强心剂，为后续区块链行业发展指明了方向。短期而言，明确社会认知，纠正产业偏见；中期而言鼓励产业资本和人才进入，规范行业监管；长期而言提升社会治理水平。在国际竞争日趋激烈的今天，相信中国区块链行业将收获丰硕的果实。

# 第 26 章
# 抓住工业互联网平台发展新机遇

原文题目：《抓住工业互联网平台发展新机遇》，作者尹丽波，原文发表于《学习时报》（2019 年 5 月 10 日）。

工业互联网平台正在全球范围掀起热潮，成为新一轮工业革命的关键支撑。《2019 年国务院政府工作报告》提出，打造工业互联网平台，拓展"智能+"，为制造业转型升级赋能。当前，我们站在新时代经济社会发展的历史新方位，应深刻认识工业化和信息化（以下简称两化）深度融合的新要求、新使命，促进工业互联网平台发展，以创新催生工业新动能，推动传统产业转型升级，实现高质量发展。

## 一、深化对新旧动能转换时期工业发展的认识

当前，新一代信息技术为工业经济带来深刻变革，我国进入两化融合新阶段，应充分把握"智能+"这一重要发展方向，抓住工业互联网平台发展趋势和机遇，推动我国工业实现数字化转型。

两化融合是制造强国和网络强国建设的交汇点。工业社会向信息社会转型既是一个系统性全面创新的过程，也是一个不断演进的长期历史进程。我国机械化、电气化、自动化、信息化并存现象明显。信息化和工业化深度融合

是制造强国和网络强国建设中的交汇点,应发挥融合发展的叠加、聚合、倍增效应,坚定不移地推动制造业向数字化、网络化、智能化方向发展,推动工业发展方式向数字驱动型创新体系和发展模式转变。

"智能+"是工业发展新阶段的重要方向。两化融合拓宽了工业机械化、电气化、自动化的路线,赋能工业沿着数字化、网络化、智能化方向发展。**数字化阶段**要实现制造基础设施、制造企业的数字化、软件化改造;**网络化阶段**要打破企业的组织和价值壁垒,实现大范围按需动态配置制造资源;**智能化阶段**最主要的是依据个性化需求深度挖掘和精准配置制造资源。随着信息技术的高速发展及其与制造业的持续渗透融合,在单元装备、生产线、车间、企业、产业链等不同层次,智能制造正在由点及面、从易到难、分阶段、分步骤实现创新突破。"智能+"是信息技术与制造业融合发展高级阶段的产物,也是工业发展的重要方向。

工业互联网平台是激发新动能的有效途径。工业互联网平台以新一代信息技术的创新为引领,为传统产业赋能,并促进各类新技术、新产品、新模式、新业态探索。工业互联网平台是工业全要素、全产业链、全价值链的全面连接,带动全社会制造资源网络化动态配置,加速形成数据驱动的创新体系和发展模式,正成为全球制造业竞争的新焦点。相比于传统经济发展模式基于专业分工,通过土地、劳动力、资本等一般性生产要素的高投入来追求规模经济,工业互联网基于人、机、物的互联互通,激发技术、管理、数据等要素的潜能，提升社会化资源配置效率，提高全要素生产率，缩短研发创新周期，促进大规模生产向大规模定制转变。

## 二、工业互联网平台创新激发工业新动能

在新旧动能转换的交汇期，新一轮科技革命和产业变革孕育兴起，工业互联网平台以创新为引领、以数据为驱动，构建开放价值生态，引起生产方式、生产关系发生深刻变革，形成价值共享、创新活跃、孕育新动能的新型价值网络。

创新引领新型工业生产方式。工业互联网平台是新一轮工业革命的关键支撑，也是创新变革的生力军。一方面，数据依托平台在工业生产过程中发挥作用，数据不仅仅是被应用于研发试验阶段的研究，还能通过工业互联网平台应用下沉到实际生产过程中。知识传递从主要依靠人的大脑来记忆变成人的创新与机器智能相结合，以经验判断为主的生产方式逐渐变为数据辅助下的科学判断为主的生产方式。另一方面，封闭、独立的劳动逐渐转变为合作、协同劳动，数据驱动的工业互联网平台大大增加了工业企业内外合作的机会，各类服务突破传统制造业的时间、空间界限，大大增加了劳动的复杂度。不光是体力劳动逐渐被脑力劳动取代，协作性劳动的比例也逐渐扩大，协同设计、协同制造、协同创新的新模式不断涌现。未来工业格局必然是复杂的系统工程，原本各自为战的组织内部封闭劳动

必将被更广泛的协调、协作、协同劳动逐渐取代。

变革驱动新型工业生产关系。创新引领着工业互联网平台的发展方向。一方面，组织形式逐渐多元化。当前，工业互联网平台正推动组织界限变模糊，企业、集团正向着平台化方向发展。可以预见，未来的生产基本单元将会以平台为主要载体，在开放共享的机制下吸引更多元化的主体参与到社会生产中，为平台发展提供源源不断的创新动力，形成多元化的生产格局。另一方面，生产关系从强联系向弱联系过渡。人与人关系的稳定性不断被削弱，而不确定性在不断增强。在工业互联网平台的赋能作用下，个人的、小微企业的能力得到极大提升，人们从雇佣关系向合作关系转变，劳动者对组织的依赖性减弱，而自主权在逐渐扩大，逐渐成为劳动的主导者和创新的驱动力量。

平台价值网络创造新动能。在生产方式和生产关系的变革驱动下，工业互联网平台新模式、新业态不断涌现，形成基于平台的开放价值网络，激发工业新动能。工业互联网平台以数据为驱动，整合社会化资源。数据的交互、流通推动单向价值链向价值网络过渡，制造业与金融业融合的新模式、消费者参与制造的新业态、小微企业应用大平台资源创造的新产品等层出不穷，成为平台发展的重要方向，促进各类主体能够通过多种方式创造价值、分享价值。同时，开放价值网络的倍增效应、叠加效应正在影响着工业技术长周期向短周期过渡，基于平台的开发与应用互相促进、相互迭代，技术创新速度推动价值迭代，加速形成工业增长新动能。

## 三、务实有效推动工业互联网平台发展

工业互联网平台进入实践阶段，平台中的企业已经"驱车"上路，领先企业已经"畅驶"，并在各方积极努力下驶入快车道。当前，我们应该清醒地认识到发展初期的工业互联网平台对工业新动能的作用还没有充分发挥出来，还要狠抓实干，务实有效地大力推动工业互联网平台建设。

创新应用价值，推动工业企业应用平台。工业互联网平台发展是一个长期迭代、演进的过程，不仅需要推动支持平台建设，还需要以应用价值引导工业企业上平台、用平台，以应用实效推动工业互联网平台发展和迭代。一是提升制造资源云化改造基础能力。引导制造企业和通信企业加强合作，构建开放、兼容的设备通信标准，建立分级、分类工业设备数据采集体系，实现制造资源底层标准化，促进制造资源、数据和服务等要素的互联互通和无缝连接。二是研究基于平台推动企业数字化转型实施路径。分行业、分领域滚动绘制工业企业业务需求图谱，以及工业企业上平台用平台的工具和方法，以企业需求牵引平台规模化应用。三是鼓励有基础、有需求、有动力的企业基于平台开展业务优化和模式创新，多渠道开展典型案例挖掘，总结经验，探索形成可复制、可推广的理论和模式。

加强平台之间的互联互通，推进标准体系建设。我国工业互联网平台在业务需求、架构、功能、接口、应用、互操作等方面缺乏统一的标准，制约了平台有序发展与规模化应用，亟须加强标准体系建设。在组织上，应建立跨部门、跨标准化技术组织的协作工作机制，构建政府主导

和市场自主相结合的融合推进方式，统筹推进工业互联网平台发展标准化工作。在标准上，应制订工业互联网综合标准化建设指南，明确工业互联网标准体系，绘制工业互联网标准化路线图。组织开展工业互联网平台参考体系架构、管理模式等融合标准研究。此外，还应以企业应用验证为基础，总结好发展规律，开展标准制订和修订，通过宣传培训、咨询服务、测试评估等，加快标准的应用推广。

促进合作共赢，打造平台开放价值生态。工业互联网需要大量资金的持续投入和长时间积累，工业互联网发展不仅需要龙头企业引领，更加需要政府、企业、联盟、科研院所等多方力量协同，科技、产业、金融等各领域融通。我国始终坚持"政产学研用"相结合，着力打通科技创新、产业发展、金融服务生态链的工业互联网发展模式。进一步打造更具活力的生态体系，推动工业互联网应用落地，推动制造业与生产性服务业的互动发展，发展行业系统解决方案，培育壮大生产性服务业。同时，促进大中小企业融通发展，支持龙头企业基于平台带动产业链上下游中小企业协同发展。

提升保障能力，构建安全协同防护体系。工业互联网开放、互联、跨域的特点，打破了以往相对明晰的责任边界，带来了更加多元、复杂的信息安全挑战。为保障工业互联网平台的安全、可用、可信，需要做好以下四点。一是要树立安全和发展同步推进的安全观，正确处理工业互联网平台安全和发展的关系，以发展保安全，用安全促发展。二是要加强政府监督指导，完善平台安全政策体系和标准指南，健全安全保障机制，构建覆盖平台全生命周期安全防护能力。三是要落实企业安全主体责任，提出安全评估、安全认证等管理和技术要求，促进企业实施防护措施。四是要提升安全防护能力，积极开展第三方平台安全服务体系建设，面向企业提供健全的安全保障解决方案，促进工业互联网平台健康发展。